娃娃服飾縫紉書

HANON

———— 藤井里美 ————

contents

這本書是娃娃尺寸的縫紉書。

以盡可能達到形狀雖然簡單，卻能製作出理想的外形輪廓為目標。

即使是縫紉的初學者，也能夠嘗試挑戰本書的內容。

可以添加更多更多的蕾絲，

選擇摩登現代又精簡洗練的暗色調，

也可搭配讓人愛不釋手的粉彩色調，

諸如此類，

將自己喜歡的元素添加其中，

配合季節變化，使用不同布料之類，好好地去享受不同的搭配樂趣吧！

S尺寸使用Middie Blythe，

M尺寸使用Neo Blythe，

L尺寸使用U-noa Quluts 少女，

配合不同尺寸的娃娃身體，製作了各種款式衣服。

或許尺寸相近似的娃娃，也很適合穿著也說不定！

如果各位願意去嘗試看看，那就太好了。

This book is for making doll-size clothes.
The shape of the clothes is simple for an ideal silhouette.
The contents are made so that even a beginner can
understand.

The styles can be modified for a wider range of looks
by using the colors and types of lace you prefer.
Please enjoy & have fun!

S size for Middie Blythe Doll
M size for Neo Blythe Doll
L size for Unoa 1.5 Girls

Those may suit the other dolls with the close size.
Please give it a try.

M size Embroidered Smock Dress, Apron, Lace Strap Dress & Boots

製作M尺寸及S尺寸的相同款式衣服也很有樂趣。
然而並非直接照樣縮小，而是要配合娃娃的整體均衡
一項一項調整布料的分量及長度尺寸。

M size Lace Strap Dress & Sarrouel Pants

M & S size Lace Strap Dress, Skirt & Boots

M & S size Embroidered Smock Dress & Boots

M size Peter Pan Collar Dress, Socks & Sneaky Stuffed Fox

（上）S size Coat, Sarrouel Pants, Shoulder Bag & Boots　（下）S size Blouse, Vest, Trouser, Boots & Sneaky Stuffed F

M size Blouse, Skirt, Socks & Boots

M size Linen Arranged Coat & Boots

使用不同的布料製作，整件衣服給人的印象就會完全不同。
將皮革或是緞帶當作腰帶纏繞在身上，加上刺繡裝飾
讓我們完成屬於自己的風格款式吧！

Tiny Betsy McCall的娃娃身體
兼具S尺寸及M尺寸的優點，請試著製作各種衣服讓她穿穿看吧！

S size Peter Pan Collar Dress, Shoulder Bag, M size Boots & Socks

S size Embroidered Smock Dress, Sarrouel Pants & M size Boots

M尺寸對Betsy來說衣長會稍微長些，
請配合身高，調整為自己喜歡的長度。

M size Lace Strap Dress, Corsage & Sneaky Stuffed Fox

M size short-arranged Embroidered Smock Dress, M size Skirt & Boots

身材修長的 1/6 娃娃 U-noa Quluts Light 可以穿得下一部分 M 尺寸的衣服。
只是衣長會稍微變短，建議依照喜好調整增加一些衣長。

M size Embroidered Smock Dress & Sarrouel Pants

M size Blouse, Vest, Trousers, Socks & Boots

L size Blouse, Vest, Trousers & Boots

L尺寸可以穿著在U-noa Quluts少女的
2種不同大小的胸型款式身體上。
如果是外形輪廓較平順的連身裙之類的衣服
也可以讓其他40cm娃娃換穿。

L size Embroidered Smock Dress, Lace Strap Dress & Sarrouel Pants

L size Lace Strap Dress, Sarrouel Pants & Boots

L size Coat, Skirt & Boots

L size Peter Pan Collar Dress, Apron, Socks & Boots

L size Embroidered Smock Dress, Lace Strap Dress & Boots

外套及背心設計成比較寬鬆的尺寸，以便能夠層次穿著，
請各位盡情嘗試各種不同的衣著搭配方式吧！

L size Peter Pan Collar Dress, Vest, Corsage & Shoulder Bag

Tools

在開始製作娃娃衣服之前，請先將使用的道具準備齊全。
一般真人服裝縫紉時不怎麼會使用到的工具，在製作娃娃服的過程中
卻能夠發揮很大的助益，非常建議各位使用。

絲質緞帶 *Embroidery Silk Ribbon*
緞帶刺繡用的3.5mm寬緞帶，材質堅韌
又好用，顏色的選擇也很豐富。

刺繡線 *Cotton Embroidery Floss*
DMC25號線，基本上是取單線來使
用。

拆線刀 *Seam Ripper*
如果不小心縫線歪斜的話，可以用這種
工具乾脆拆開重縫一次。

鉗子 *Forceps*
手藝用的小鉗子。是將小塊布料翻回正
面時非常好用的工具。

修線剪刀 *Thread Scissors*
用來剪斷手縫或機縫線的線頭。

頂針 *Thimble*
加上刺繡或是對針縫時使用。

錐子 *Embroidery Silk Ribbon*
將布料翻轉時，可以用來把邊角撐出，
或是使用機縫時，用來按住布料固定。

裁縫剪刀 *Dressmaking Scissors*
請選擇刀刃銳利，適合細節作業的小型
剪刀。我都是使用美鈴牌襯綿布剪刀。

縫線 *Sewing Thread*
不管是機縫或是手縫，我都愛用#90號
的絹絲線。

布用接著劑 *Fabric Glue*
建議使用硬化後會變成透明的河口牌皮
革・布・紙用接著劑。處理細節部位可
以使用極細管口的產品較好作業。

防綻液 *Fray Stopper*
我的愛用品是河口牌Pique。將布料裁
斷後，將防綻液塗抹在布的邊緣進行處
理。

粉土筆 *Tailor's chalk*
較薄的布料可以使用不易滲透的
KARISMA布用自動鉛筆；如果是燈芯
絨這類較厚的布料請使用Cosmo牌的
Chacopaper極細水性粉土筆；深色布
料則可以使用CLOVER牌的白色熱消
粉土筆。

蕾絲 *Laces*
本書封面使用的是復古蕾絲。如果新蕾
絲的顏色過於漂亮太顯眼的話，可以先
用草木染或紅茶染色處理成喜歡的顏色
再使用。

暗釦　服飾鉤扣 *Snaps*
使用 5 mm的圓形暗釦，以及 0 號的服
飾鉤扣。

縫衣針　待針　絲針　定規尺

*Handsewing Needles, Dressmaker Pins,
Silk Pin, Ruler*

Lace Strap Dress

小可愛連身裙

使用切邊蕾絲裝飾的連身裙，很適合初學者製作。
衣長可以用肩帶來調整，多層次穿搭的場合也很好搭配。

純棉巴厘紗	S 30cm×20cm	裙子的蕾絲	S 13cm+4cm
	M 42cm×25cm	(約7～10mm)	M 20cm+7cm
	L 93cm×45cm		L 45cm+12cm
5mm蕾絲	S 12cm×2條	蕾絲碎布	足以覆蓋住衣身
	M 14cm×2條	暗釦	S、M 1組
	L 19cm×2條		L 2組

1

依照紙型將各布片裁下,並以防綻液預先處理布料邊緣。

2

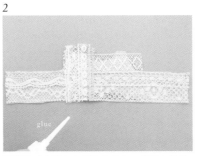

將蕾絲碎布鋪在表側的衣身上,並以布用接著劑暫時固定。

3

將蕾絲邊緣縫起,然後再縫在衣身上。

4

把超出衣身的蕾絲剪掉。<S><M>跳到第7步驟。

5

只有<L>需要將衣身兩側邊的尖褶正面相對摺起後縫合。

6

同樣只有<L>需要將尖褶向內側摺起後,以熨斗燙平。

7

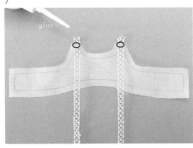

在裏側的衣身肩部的縫份,沾上少許布用接著劑,將5mm蕾絲暫時固定在肩部。

8

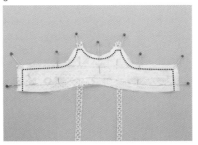

將表側及裏側的衣身正面相對重疊,除了腰部那側之外,沿著周圍縫合。

9

將縫份的尖角修圓,並在圓弧曲線剪出幾道細緻的牙口。請注意不要剪到縫線。

This dress is a good place to start for beginners.
It is versatile and easy to coordinate.

{ materials: cotton voile, 7-10mm lace, 5mm lace, scrap lace, snaps }

1. Cut all parts. Put fray-stopper glue on the edges.　2. Put lace on the front bodice with fabric glue.　3. Stitch the edge of the lace.
4. Cut the extra lace.　5. <L> size, Sew the front darts.　6. <L>size, Iron the inside seam.
7. Glue shoulder lace onto the seam allowance of back bodice.　8. Sew the bodice piece together inside out.　9. Snip the seam allowance.

10

翻回表面，使用錐子等工具將邊角完整撐開後，然後以熨斗燙平。

11

保留腰部那側，其他部分再沿著縫線補強一次。

12

將裙子 B 的下段裙擺縫份摺向內側縫合。

13

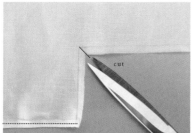

在裙子 B 的上段裙擺的轉角剪出牙口。

14

將裙子 A 的裙擺縫份摺向內側縫合。

15

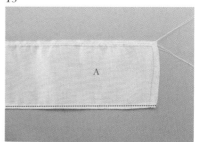

裙子 A 的上方縫份加上抽褶用的縫線。縫目寬度約2.5mm，在縫份上縫 2 條線。

16

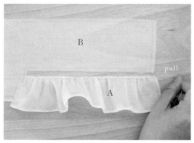

配合裙子 B 的上段裙擺（覆蓋住 A 的部分）寬度，抽出皺褶（參考92頁）。

17

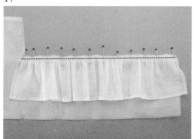

將抽褶後的裙子 A 與 B 正面相對後縫合。

18

將縫份向上方摺起，並以熨斗燙平。

10. Turn inside out and iron.   *11.* Sew along the edge.   *12.* Fold the lower hem of skirt B, iron and sew.
13. Snip the seam allowance.   *14.* Fold the hem of skirt A, iron and sew.   *15.* Gathering skirt A, seam allowance. [refer to P.92]
16. Pull the bobbin threads to match the width of fit the upper hem of skirt B.   *17.* Sew skirt A to B face to face.   *18.* Iron the seam allowance to face up.

19

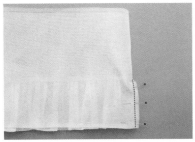

將裙子 A 與 B 的垂直部分也正面相對後再縫合。縫份摺向 B 側，再用熨斗燙平。

20

在裙子的表側覆蓋上喜歡的寬度蕾絲，然後以布用接著劑暫時固定住，再縫合起來。

21

在裙子的腰部縫份處，加上 2 條縫目寬度約 3 mm的抽褶用縫線。

22

配合裙子的後中心修飾線，以及衣身腰部寬度，抽出皺褶後，正面相對縫合起來。

23

將縫份摺向衣身側。接下來，將裙子後面的開口，向內側摺到「開叉止點」記號略下方為止，再用熨斗燙平。

24

在腰部衣身那一側的正面沿著縫線補強。

25

將後方開口斜摺的部分縫合。

26

將裙擺到「開叉止點」記號為止的後中心線以正面相對的方式縫合。

27

將縫份以熨斗壓開，翻回表面，裝上暗釦後就完成了。待整件衣服自然乾燥後，質感就會變得柔軟。

19. Sew the sides of A and B together as shown. 20. Put temporary and stitch lace on the seam of the skirt.
21. Gather the waist of the skirt until the width fits the bodice. 22. Sew the waist of the bodice and skirt, inside out.
23. Iron the seam to bodice side. Fold the back opening. 24. Sew the edge of the bodice from the front. 25. Sew the back opening.
26. Sew the back and opening together inside out. 27. Split open the seam allowance and iron down. Fasten snap at the back opening.

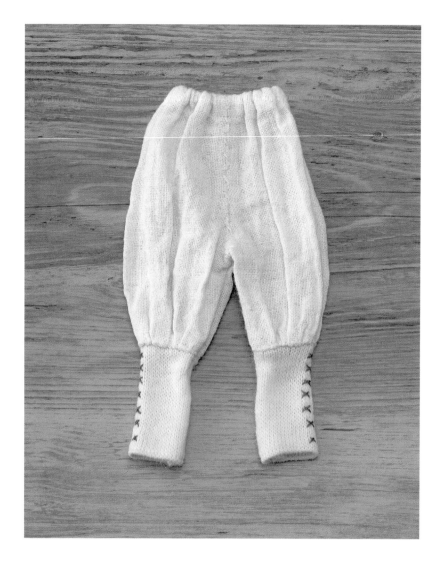

Sarrouel Pants
飛鼠褲

這種款式的褲子很好搭配，適合各種穿搭。
如果使用深色布料製作，質感會更加洗練。

綿麻	S 24cm×12cm	羅紋鬆緊編織	S 10cm×6cm
	M 26cm×15cm		M 14cm×7cm
	L 50cm×25cm		L 20cm×15cm
3mm鬆緊帶	30cm	繡線	生成色、茶色

1

依照紙型將各部位的布片裁下，邊緣塗上防綻液處理。在褲管下擺的縫份加上 2 條縫目寬約2.5mm的抽褶用縫線。

2

配合羅紋編的寬度抽出皺褶（參考 92頁）。

3

整理一下皺褶的形狀，以熨斗燙過。

4

將褲管的下擺與羅紋編織的正面相對縫合起來。

5

將縫份向上摺，以熨斗燙平。將羅紋編織的下擺縫份摺向內側，再以熨斗燙平。

6

在褲管那側的正面沿縫線補強。羅紋編織的下擺也補強。

7

將褲子的前股上正面相對縫合起來。

8

在前股上加入一些牙口。然後以熨斗將縫份左右熨開。

9

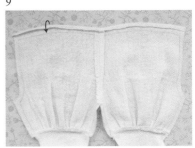

三摺腰部的縫份，再用熨斗燙平。

*Depending on the color you choose
these pants can be used in all kinds of outfit, dark for a chic look, light for natural.*

{ materials : cotton linen, rib knit, 3mm elastic, embroidery thread }
1. Cut all parts. Put fray-stopper glue on the edges. Gather the pants hem seam allowance. [refer to P.92]
2. Pull the bobbin threads until the width the fits the elastic cuff.   3. Iron the gathering.
4. Sew the pants to the cuff on the side.   5. Iron the hem of the cuff up.   6. Sew the top and bottom of the cuff hem.
7. Sew the front on the side as shown.   8. Cut and iron the seam.   9. Fold the waist seam down 3 times.

10

將腰部縫合。

11

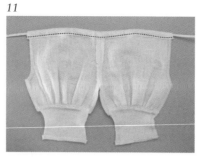

把鬆緊帶穿過腰部。

12

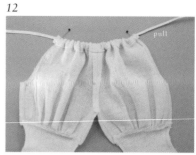

將腰圍縮小至<S>7.5cm、<L>9.5cm、<M>15cm，再用待針固定。

13

將褲子的後股上正面相對疊合，連同鬆緊帶一起縫合。

14

在後股上的縫份剪出牙口，然後再用熨斗將縫份左右熨開。

15

將股下正面相對縫合起來。

16

在股下的縫份剪出牙口。

17

翻回正面，用熨斗燙整過後，在股上以手縫的方式加上補強縫線。

18

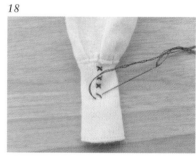

使用茶色的繡線在羅紋編織的兩側加上十字繡，這樣就完成了。再以水濕潤過後自然乾燥，整件衣服的質地就會變得柔軟。

10. Sew the folded.   *11.* String elastic through the waist.   *12.* Gather the waist to <S>7.5cm, <M>9.5cm or <L>15cm.
13. Sew the back together on the side as shown.   *14.* Cut and iron the seam.   *15.* Sew the inseam.
16. Cut the inseam.   *17.* Turn the pants right side out. Hand sew the rise for decoration.
18. Use cross stitch to embroider the rib. Wash the pants in water and dry. This will give the cloth a natural finish.

Embroidered Smock Dress
刺繡連身裙

連身裙的衣袖製作方法簡單，而且整體分量感恰到好處。
還可以搭配喜歡的刺繡作為裝飾，將衣長改短當作罩衫也很可愛。

麻布	S 30cm×30cm	斜紋棉	S 2cm寬×11cm
	M 42cm×32cm		M 3cm寬×12cm
	L 90cm×55cm		L 3cm寬×20cm
暗鈕	S、M 1組	繡線	深藍色或茶紅色
	L 2組		

1

將衣袖的紙型描繪至麻布料，然後裁得稍大一些裝在刺繡框上。

2

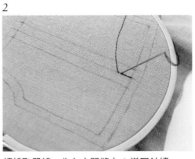

繡線取單線。先在中間縫上 2 道回針繡（＜L＞則改為鎖鏈繡）。

3

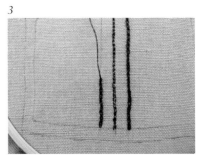

左右再加上小小的鎖鏈繡。

4

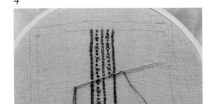

3 條繡線中間，再加上法式結粒繡及十字繡作裝飾。

5

中央、左右的繡線加上平針繡，兩端再加上Ｖ字型繡。刺繡完成後將衣袖裁下，以防綻液預先處理邊緣。

6

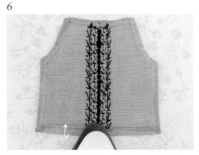

將袖口的縫份摺進內側，然後用熨斗燙平。

7

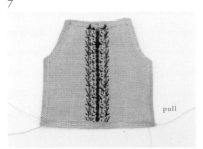

在袖口的縫份，加上 1 條縫目約 3 mm寬的抽褶用縫線，並將皺褶抽出來（參考 92 頁）。

8

抽皺褶時，寬度以＜S＞4cm、＜M＞5cm、＜L＞7.5cm為準（不包含縫份），然後將線頭綁好。接著用熨斗燙平後加上補強縫線。

9

將前衣身與衣袖正面相對縫合起來。

This dress may look complicated but it is very simple to make.
The style of the embroidery is up to you, it can also be made as a blouse depending on the length.

{ materials : linen, cotton, snaps, embroidery thread }
1. Trace the sleeve pattern and stretch in an embroidery frame. 2. Use one embroidery thread to back stitch the middle of the sleeves.
3. Use chain-stitch on either side. 4. Use cross-stitch and French knot stitch alternatively.
5. Use running stitch along the chain and back stitch and V-stitch on outer side. Cut the sleeve and put fray-stopper glue on the edges.
6. Fold the edges of the sleeve opening and iron. 7. Sew the edges of the sleeve opening 3mm stitch. [refer to P.92]
8. Gather the edges of the sleeve opening to <S> 3cm, <M> 5cm or <L> 7.5cm and sew. 9. Sew the sleeves to the front.

10

接著，將後衣身與衣袖正面相對縫合起來。

11

在衣身與衣袖的縫份加上約 5 mm 間隔的牙口。

12

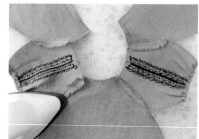

將縫份以熨斗左右熨開。

13

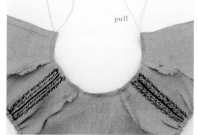

領圍周邊的縫份，加上 2 條縫目約 3mm寬的抽褶用縫線。

14

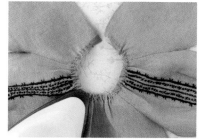

配合領圍的斜紋布（※將布目以45度裁斷，或者使用斜紋布膠帶）寬度，抽出皺褶，然後再以熨斗燙整。

15

將衣身的領圍部分，與領圍的斜紋布正面相對縫合起來。

16

將縫份向上摺，以熨斗燙平。

17

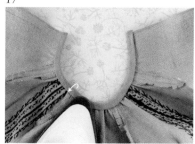

以熨斗將斜紋布燙成三摺，將領圍的縫份包覆起來。

18

以斜紋布的布邊以對針縫的方式縫合。

10. Sew the back bodice to the sleeves.   *11.* Cut the seam.   *12.* Unfold the seam and iron.
13. Sew 2 linens on the seam of the neck in 3mm stitch. [refer to P.92]   *14.* Gather the seam of the neck opening until the width fits the bias tape.
15. Sew the bias tape to the neck.   *16.* Iron the seam up.   *17.* Fold the bias around the gather and iron.   *18.* Finish with a blind stitch.

19

領圍縫製完成了。

20

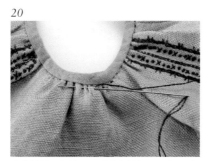

先將繡線取單線,在前衣身的領口加上平針繡。

21

先將前衣身與後衣身正面相對疊合,再將袖口、側邊、下擺正面相對縫合起來。

22

在側邊加上牙口。翻回正面,用熨斗將縫份左右熨開。

23

將衣身下擺的縫份摺向內側,並以熨斗燙平。

24

將下擺縫合。

25

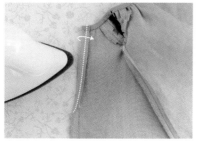

將後開口向內側摺到「開叉止點」記號略下方為止,用熨斗燙平後縫合。

26

將下擺到「開叉止點」的後中心線以正面相對的方式縫合起來。再用熨斗將縫份左右熨開。

27

翻回正面,裝上暗釦後就完成了。再沾水濕潤,輕輕擰過後自然乾燥,布料的質感看起來會比較自然。

19. Now your neck opening is done!　*20*. Use one embroidery thread to do a running-stitch on the middle of the front.
21. Sew the side of the bodice and the sleeves on the inside out.　*22*. Make cuts in seam of the pits. Turn right side out and unfold the seam.
23. Fold the hem and iron.　*24*. Sew the hem.　*25*. Sew the front and back together inside out.　*26*. Sew the back opening together.
27. Turn right side out. Fasten snap at the back opening. Wash the dress in water and dry. This will give the cloth a natural finish.

Apron
圍裙

建議使用麻布，比較容易營造使用已久的質感。
雖然簡單，卻是自然不做作風格不可或缺的配件。

麻布	S	42cm×10cm
	M	44cm×14cm
	L	73cm×25cm

1

依照紙型將各部位的布片裁下，邊緣塗上防綻液預先處理。將口袋口的縫份摺起，以熨斗燙平。

2

打褶，然後以布用接著劑暫時固定。

3

將口袋口縫合。

4

在口袋彎弧的縫份縫上 1 道寬約 3 mm的串縫。

5

拉動串縫線，拉出皺褶，作出彎弧，然後以熨斗燙整。

6

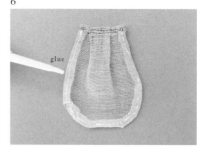

將布用接著劑塗在縫份，然後暫時固定在口袋的位置。

7

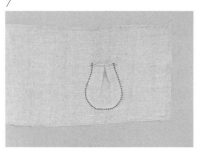

將口袋縫上。

8

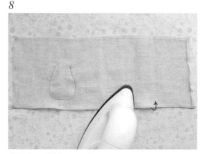

將圍裙下擺與兩端的縫份摺向內側，再用熨斗燙平。

9

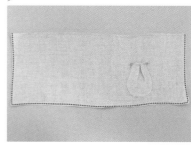

將兩端及下擺縫合。

For realism and a more worn look, linen is recommended.
A simple item like this can be used to complete any style of outfit.

{ material : linen }

1. Fold the top of the pocket and iron. *2.* Fold the tuck and glue with fabric glue. *3.* Sew the top of the pocket.
4. Sew the bottom of the pocket with running stitch and iron. *5.* Gather the bottom of the pocket and iron the seam.
6. Put small dots of fabric glue on the back of the pocket. *7.* Stick the pocket in place and sew. *8.* Fold and iron the hems as shown. *9.* Sew.

10

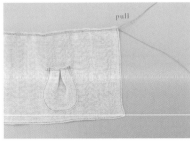

在圍裙腰部位置的縫份，加上 2 條縫目寬度 3 mm 的抽褶用縫線（參考 92 頁）。

11

抽褶時，寬度以＜S＞7cm、＜M＞10cm、 ＜L＞14.5cm為準，接著以熨斗燙整。

12

將圍裙與綁帶正面相對重疊，用待針從中間 向兩側平均固定住。

13

將圍裙與綁帶縫合。

14

將縫份向上摺。

15

將綁帶反摺後，以熨斗燙平。

16

以熨斗將綁帶摺三摺，將縫份包覆起來。

17

在綁帶的腰部位置加上補強縫線。

18

沾水濕潤，輕輕擰過後自然乾燥，布料的質 感看起來會比較自然。

10. Sew 2 lines on the waist of the apron. [refer to P.92] *11.* Pull the bobbin threads until the width is <S>7cm, <M>10cm or <L>14.5cm and iron. *12.* Pin the waist cord to the apron. *13.* Sew the waist. *14.* Iron the seam up. *15.* Fold the waist cord once and iron. *16.* Fold the seam around the waist cord and iron. *17.* Sew the waist cord. *18.* Wash the apron in water and dry. This will give the cloth a natural finish.

Peter Pan Collar Dress
圓領連身裙

小小的領口、前襟、袖口布，一件連身裙可以有各種不種的顏色搭配。
如果覺得細褶不好縫的話，也可以放得寬一點，或是縫上細紋路的蕾絲也很好看。

圖案平紋棉織布	S	30cm×20cm	4mm寬蕾絲	S	14cm
	M	50cm×20cm		M	19cm
	L	105cm×25cm		L	35cm
素色平紋棉織布	S	20cm×10cm	暗鈕	S、M	2組
	M	30cm×10cm		L	3組
	L	40cm×15cm	繡線	珊瑚色	

1

將一對衣領的紙型描繪到布料上,然後將布料裁得稍大一些,再準備一塊相同大小的布料。

2

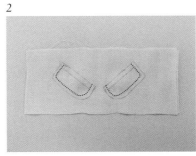

將兩塊布料正面相對重疊,沿著成品尺寸邊緣縫線。

3

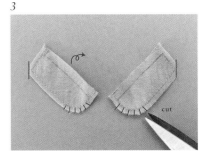

保留縫份後將衣領剪下,轉角修圓,然後在彎弧上剪出數道細小的牙口。注意不要剪到縫線。

4

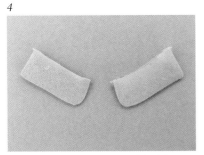

翻回正面,使用錐子或鉗子將邊角撐出,再用熨斗燙平。

5

接下來製作前襟的細褶。依照前襟的紙型將布料裁得稍大一些,然後沿著布紋以熨斗燙出摺痕。

6

使用縫紉機在距離摺痕 1 mm 的位置,縫上一道直線。

7

縫得很漂亮。

8

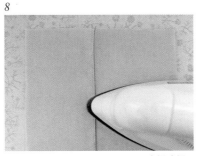

將布料攤開,將剛剛縫好的 1 mm 寬摺痕摺向外側,然後用熨斗燙平。

9

接下來製作另一側的細褶。在距離第 1 道摺痕 6 mm 的位置,以熨斗燙出另一道摺痕。

Please have fun matching the colors of this design.
The pin-tucking can also be replaced by lace to make it easier.

{ materials : cotton/pattern fabric, 4mm lace, cotton/plain, snaps, embroidery thread }
1. For the collar take two pieces of the same size and draw the collar on one piece.
2. Take the collar pieces and match the edges, sew the blank lines as shown. 3. Cut the shape of the collar and cut small cuts in the seam on the round.
4. Turn the collar pieces inside out and iron. 5. Fold the piece of fabric for the bib. 6. Sew the first seam 1mm from the edge.
7. The first line is done. 8. Open the fold and iron. 9. Fold the fabric under the first line with a 6mm space from the edge and iron.

10

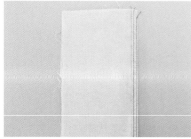

使用縫紉機在距離摺痕 1 mm的位置，縫上
1 道直線。

11

將布料攤開，把摺痕摺向另一側後，再用熨
斗燙整。

12

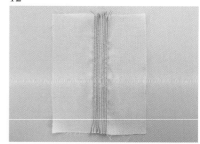

在剛才的摺痕 3 mm 外的位置，使用熨斗燙
出另一道摺痕，並在距離摺痕 1 mm 的位置
縫線，接著摺向外側。重覆以上的步驟來縫
製細褶。

13

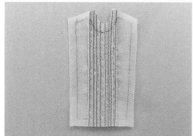

將細褶與中心線對準位置後，把前襟的紙型
描繪在布料並裁下，邊緣使用防綻液處理。

14

在前衣身的縫份轉角剪出牙口。

15

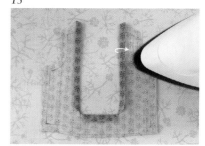

將縫份摺向內側，使用熨斗燙平。

16

將前襟與前衣身以布用接著劑暫時固定住。

17

在交界邊緣蓋上蕾絲，以布用接著劑暫時固
定後縫合起來。

18

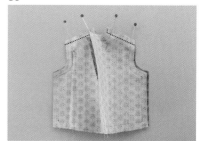

將前衣身與後衣身正面相對重疊後，縫合肩
部。

10. Sew 1mm in from the edge of the new fold. *11.* Open the fold and iron the new seam as shown.
12. Fold under 3mm from the new edge. Sew 1mm in from the edge. Repeat.
13. Trace the pattern for the bib on the pin tuck fabric. Put fray-stopper glue on the edges.
14. Cut the corners. *15.* Fold the seam and iron. *16.* Match the bib to the front with fabric glue and sew.
17. Put the lace on the front with fabric glue and sew. *18.* Match the front and back by the shoulders and pin, sew together.

19

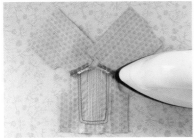

使用熨斗將縫份左右熨開。

20

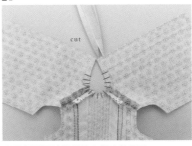

在頸部周圍的縫份剪出細小的牙口。

21

將布用接著劑點在縫份上。

22

對齊前襟中心，調整到左右平均的位置，將
衣領暫時固定後縫合。

23

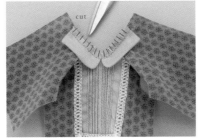

在衣領的縫份剪出細小的牙口。

24

將衣領的縫份摺向內側，使用熨斗燙整後，
在頸部周圍加上補強縫線。

25

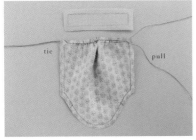

在袖口的縫份上，加上 1 道縫目約2.5mm寬
的抽褶用縫線，然後配合袖口布的寬度抽出
皺褶（參考 92 頁）。

26

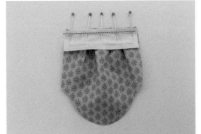

以熨斗燙整皺褶，然後將袖口布與袖口正面
相對縫合。

27

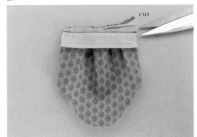

將衣袖與袖口布的縫份裁成 3 mm寬。

19. Unfold the seam and iron.   20. Make small cuts on the seam of the neck opening.   21. Put fabric glue on the edges.
22. Match the collar to the neck opening and sew.   23. Make small cuts on the seam.   24. Fold in side the seam, iron and sew the neck opening.
25. Gather the sleeve opening until the width fits the cuff. [refer to P.92]   26. Match the sleeve openings and the cuff and sew.   27. Cut the seam to 3mm.

28

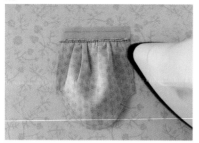

用熨斗將袖口布燙成三摺，將縫份包起來。

29

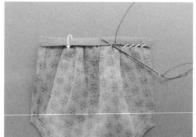

將袖口布的邊緣以對針縫縫合。

30

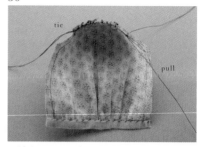

在袖山縫份的兩處標記之間，加上 1 道縫目約2.5mm寬的抽褶用縫線。然後配合衣身的袖籠寬度抽出皺褶。

31

將衣身與衣袖正面相對縫合起來。袖山的縫份與袖籠的縫份要一點一點靠攏縫合，因此需要反覆將縫紉機的壓板抬高來確認縫合狀況。

32

衣袖縫合在衣身上了，接著將縫份摺向衣袖側邊，然後用熨斗燙平。

33

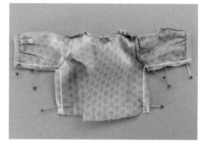

將前衣身與後衣身正面相對重疊後，縫合袖口、側邊、衣擺。

34

在側邊的縫份加上牙口，翻回正面，用熨斗將縫份左右熨開。

35

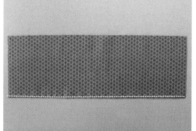

將裙子下擺的縫份用熨斗摺向內側，然後縫合起來。

36

在腰圍的縫份加上 2 道縫目約2.5mm寬的抽褶用縫線。然後配合衣身腰圍的寬度抽出皺褶（參考 92 頁）。

28. Fold the cuff around the gathered sleeve. *29.* Finish with a blind stitch. *30.* Gather the shoulders until the width fits the armhole.
31. Match the side edge of the sleeve to the bodice and gradually sew the shoulder of the sleeve to the armhole, matching as you go.
32. Now your sleeves are attached. *33.* Pin the side of the bodice and sleeves and sew.
34. Make cuts in seam allowance of the pits. Turn right side out and unfold the seam, iron.
35. Fold the skirt hem, iron and sew. *36.* Gather the waist of the skirt until the width fits the waist. [refer P.92]

37

將衣身與裙子的腰圍部分正面相對後縫合起來。

38
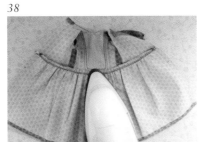
將縫份摺向衣身那側，再用熨斗燙平。

39

在衣身的腰圍那側加上補強縫線。

40
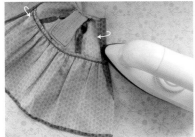
將後開口向內側摺到「開叉止點」記號略下方為止，再以熨斗燙平。

41

將後開口縫合。

42

將下擺到「開叉止點」的後中心線，以正面相對的方式縫合起來。

43
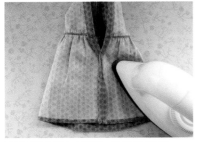
用熨斗將縫份左右熨開，然後翻回正面。

44

將繡線取單線，在衣領的邊緣縫上鎖鏈繡。

45

在後開口裝上暗釦就完成了。

37. Sew the waist of the bodice and skirt. *38*. Iron the seam up to the bodice. *39*. Sew the edge of the bodice from the front.
40. Fold the seam down to where the openings should end and iron. *41*. Sew the back opening.
42. Pin the two sides together and sew. *43*. Unfold the seam and iron. Turn right side out.
44. Use one embroidery thread to chain-stitch on the collar for decoration. *45*. Fasten the snap at the back opening.

Blouse
罩衫

袖子上的褶子讓整件罩衫更顯得立體。
若是不裝上蕾絲的話，就成為很好搭配的標準款式。

直線條的平紋棉織布	S	20cm×17cm	8mm寬蕾絲	S	衣領12cm、袖子6cm×2條
	M	25cm×20cm		M	衣領16cm、袖子8cm×2條
	L	55cm×20cm		L	衣領24cm、袖子12cm×2條
素色的平紋棉織布	S	12cm×6cm	2.5mm鈕釦	S、M	2個
	M	15cm×10cm		L	6個
	L	20cm×15cm	暗釦	S、M	2組
				L	5組

1

依照紙型將各部位的布片裁下，邊緣塗上防
綻液預先處理。將前衣身與後衣身正面相對
重疊後，縫合肩部。

2

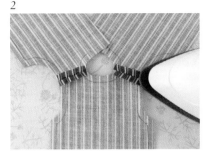

用熨斗將縫份左右熨開。

3

將衣領的紙型描繪在布料上，然後裁剪時的
面積要大一些。接著再準備一塊相同大小的
布料。

4

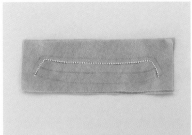

將兩塊布料正面相對重疊，縫上外側的成品
輪廓線。

5

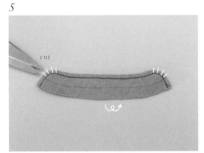

保留縫份裁剪下來，在轉角彎弧處剪一些細
小的牙口。

6

翻回正面，將轉角形狀整理好後，用熨斗燙
平。

7

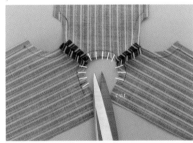

在衣身的領口周圍剪出一些細小的牙口。

8

將布用接著劑塗在縫份，然後裝上衣領。

9

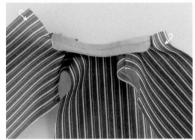

將前貼邊正面相對摺起。

The shape of the sleeves looks neat and stylish thanks to the darts.
Widthout the lace, it can be a more basic item.

{ *materials : cotton/stripe, cotton/plain, 8mm lace, 2.5mm buttons, snaps* }

1. Cut out all the parts. Put fray-stopper glue on the edges. Match the front and back by the shoulders and sew.
2. Unfold the seam and iron.   3. For the collar take two pieces of the same size and draw the collar on one piece.
4. Take the collar pieces and match the edges and sew the white lines as pictured.
5. Cut the shape of the collar and cut small cuts in the seam on the round.   6. Turn the collar pieces inside out and iron.   7. Make small cuts on the seam.
8. Put the fabric glue on the edges.   9. Match the collar to the neck opening and fold the sides of the front over the edges of the collar.

10

將衣領周圍縫合。

11

在衣領的縫份上剪一些細小的牙口。

12

將前貼邊翻回正面，立起衣領後，用熨斗燙整。

13

由剛才摺出前貼邊的前開口布邊，朝向衣身那側的衣領接縫處，縫上 1 道補強縫線。

14

前開口、衣身側的衣領周圍、前開口的補強縫線縫好了。

15

準備好衣領用的蕾絲。在蕾絲的直線側（沒有隆起的那側）邊緣縫上 1 道縫目2.5mm寬的抽褶用縫線（參考 92 頁）。

16

配合衣領、前中心的蕾絲縫合位置的寬幅，抽出皺褶，然後再以熨斗燙整。

17

以布用接著劑將蕾絲暫時固定。

18

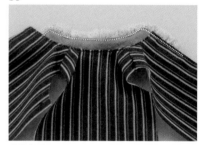

將蕾絲縫合。

10. Sew the neck opening.   11. Make small cuts on the seam.   12. Turn right side out and iron as shown.
13-14. Sew the white line as shown.   15-16. Gather the lace until the width fits the collar. [refer P.92]
17. Attach the lace with fabric glue.   18. Sew the lace.

19

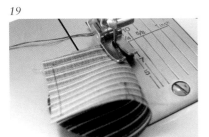

在衣袖的褶子正面相對摺起來縫合，一次 1 道，一共 4 道。

20

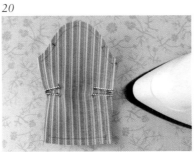

使用熨斗將褶子的縫份分別向內側燙平。

21

※（＜L＞的下個步驟請跳至第34步驟，袖口加上款式變化）將袖口布與袖口正面相對重疊後縫合起來。

22

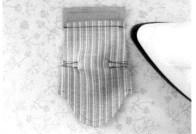

將縫份摺向袖口布那側後，再將袖口布向內摺。

23

用熨斗將袖口布燙成三摺，將縫份包起來。

24

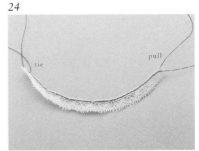

準備好袖口用的蕾絲。在蕾絲的直線側邊緣縫上 1 道縫目2.5mm寬的抽褶用縫線。

25

配合袖口布的寬幅，抽出皺褶，然後再以熨斗燙整。

26

以布用接著劑將蕾絲暫時固定。

27

將蕾絲縫合，然後在整個袖口布加上補強縫線。

19. Sew the darts of sleeves.　*20.* Iron the darts.　*21.* Match the sleeve openings and the cuff and sew. [Please jump to image 34 in the case of <L> size]
22. Iron the seam of the cuff.　*23.* Fold the cuff around the seam.
24-25. Gather the lace until the width fits the sleeve opening and iron.　*26.* Attach the lace with fabric glue.　*27.* Sew the cuff.

28

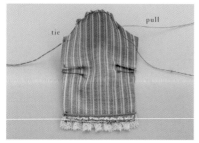

在袖山縫份的兩處標記之間，加上 1 道縫目約2.5mm寬的抽褶用縫線。然後配合衣身的袖籠寬度抽出皺褶（參考 92 頁）。

29

將衣身的袖籠與袖山正面相對縫合起來。接著將縫份摺向衣袖側，然後用熨斗燙平。

30

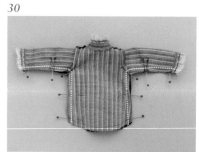

將前衣身與後衣身正面相對重疊，再縫合袖口、側邊、衣擺。

31

在側邊的縫份加上牙口。翻回正面，用熨斗將縫份左右熨開。

32

將下擺的縫份用熨斗摺向內側，然後縫合起來。

33

在前開口裝上暗釦，並在袖口布縫上裝飾用鈕釦，<S>、<M>到此即完成。

34

<L>要在袖口加上 1 道開口。將左右的袖口配合紙型剪出牙口。

35

將牙口邊緣向內側摺 2 mm，再以熨斗燙平。

36

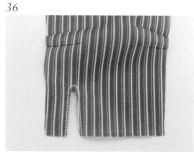

開口邊緣縫上縫線。

28. Gather the shoulders until the width fits the armhole. [refer P.92]

29. Match the side edge of the sleeve to the bodice and gradually sew the shoulder of the sleeve to the armhole, matching as you go.

30. Pin the sides of the bodice and sleeves and sew.   31. Make cuts in seam allowance of the pits. Turn right side out and unfold the seam.

32. Iron the hem and sew.   33. Fasten snap at the opening and attach the button to the cuff.

34. For <L> size. Cut the sleeve opening as shown.   35. Fold the seam down and iron.   36. Sew the sleeve opening.

37

將衣袖正面相對摺起後，並縫合至距離袖口
2 cm左右。

38

用熨斗將縫份左右熨開。

39

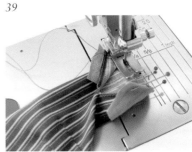

將衣袖翻回正面，在袖口上以正面相對的方
式縫上一塊袖口布。

40

將袖口布翻回正面。

41

將另一塊袖口布與剛才的袖口布正面相對縫
合起來。然後將縫份的邊角裁掉。

42

將袖口布翻回正面，以熨斗燙平。

43

用熨斗將縫份摺向內側，再將其燙平。

44

將袖口用的蕾絲抽出皺褶，暫時固定在袖口
布上，然後縫合。再將整個袖口布周圍加上
補強縫線。

45

把衣袖翻到裏側，將前衣身與後衣身正面相
對疊合，然後縫合袖口、側邊、下擺。最後
在袖口布裝上暗釦及裝飾用鈕釦。

37. Sew 2cm from the edge as shown. *38*. Unfold the seam and iron. *39*. Turn the right side out. Match the sleeve to the cuff and sew.
40. Match the other cuff and sew. Turn right side out and iron. *41*. Cut the corners as shown for easier folding.
42-43. Fold the seam inside and iron. *44*. Gather the lace until the width fits the sleeve opening and sew.
45. Turn the sleeve inside out and sew as shown. From here, please go back to image 31.

Skirt
裙子

褶子數量恰到好處，適合初學者製作。
範例是以紅色布料製作，但使用生成色或黑色等基本色布料製作也不錯。

棉麻布	S 38cm×15cm	4mm鈕釦	S、M 2個
	M 40cm×20cm		L 4個
	L 90cm×30cm	暗釦	2組

1

依照紙型將各部位的布片裁下,邊緣塗上防綻液預先處理。將裙子正面相對重疊後縫合側邊。

2

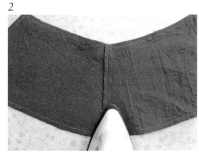

用熨斗將縫份左右熨開。

3

將前裙腰及後裙腰正面相對重疊後縫合。一共要製作外側用及內側用兩塊裙腰片。

4

用熨斗將縫份左右熨開。

5

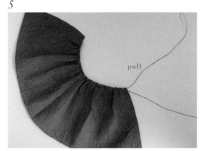

在裙子腰圍的縫份加上 2 道縫目約 3 mm 寬的抽褶用縫線(參考 92 頁)。

6

配合裙腰的寬度抽出皺褶後,然後用熨斗燙平。

7

將裙子及裙腰正面相對重疊,把裙子的其中一側(後裙腰那側)的縫份摺向內側。

8

將裙子及裙腰正面相對重疊後縫合。

9

將縫份向上摺,然後用熨斗燙平。

Modest gathering is recommended for beginners.
This skirt will look wonderful in any color.

{ materials: cotton linen, 4mm buttons, snaps }

1. Cut out the parts. Put fray-stopper glue on the edges. Sew the skirt together. *2.* Unfold the seam and iron.
3. Sew together front of the waist yoke. Make 2 sets. *4.* Unfold the seam and iron.
5. Gather the waist of the skirt, until the width fits the waist yoke. [refer to P.92] *6.* Iron the gathering.
7. Match the one yoke piece to the skirt. Fold the side seam over the yoke in one side. *8.* Sew the waist. *9.* Iron the seam up.

10

在裙腰上放上另一塊裙腰，正面相對縫合起來。

11

把縫份的轉角修掉，然後剪出一些牙口，再將裙腰翻回正面。

12

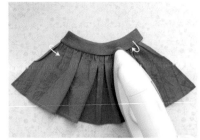

將裙腰的縫份摺向內側，以熨斗燙平。接著將裙子的開口斜摺到「開叉止點」稍微下方為止。

13

在裙腰上縫上補強縫線。再將後裙腰那側的開口縫邊。

14

將裙子下擺的縫份摺向內側後，並以熨斗燙平。

15

將裙子下擺縫邊。

16

將裙子的側邊由下擺朝向「開叉止點」以正面相對的方式縫合。

17

用熨斗將縫份左右熨開。

18

水洗自然乾燥後，縫上裝飾用鈕釦及暗釦就完成了。

10. Match the other yoke piece to the attached yoke and sew as shown. 11. Cut the corners and along the seam. Turn the yoke right side out.
12. Fold the seam inside and iron. 13. Sew the yoke and opening. 14. Fold the hem of the skirt. 15. Sew the hem. 16. Sew the opening.
17. Unfold the seam and iron. 18. Wash the skirt in water and dry. This will give the cloth a natural finish. Fasten snaps and attach the buttons.

Vest & Corsage
背心・胸花

若以棉布或麻布材質製作，背心也可以是春夏秋季的穿搭配件。
胸花可以在穿搭看起來少了點什麼的時候，發揮畫龍點睛的作用。

細燈芯絨	S 16cm×12cm	平紋棉織布	S 16cm×10cm
	M 22cm×15cm		M 22cm×10cm
	L 30cm×20cm		L 30cm×18cm
2.5mm鈕釦	S、M 5個	鉤扣（公）	S、M 2個
	L 6個		L 3個
紙包鐵絲		標本針	

1

將表布的前衣身與後衣身正面相對重疊後，
縫合肩部。

2

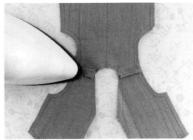

用熨斗將縫份左右熨開。

3

裏布也同樣將前衣身與後衣身正面相對重疊
後，縫合肩部。

4

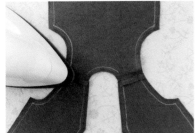

用熨斗將縫份左右熨開。

5

將表布與裏布正面相對重疊後，將領圍及袖
口縫合。

6

在縫份加上細小的牙口。

7

使用鉗子等工具，翻回正面。

8

以錐子將邊角撐出整平後，以熨斗燙整。

9

將前衣身與後衣身側邊的表布正面相對重疊
後，用待針固定。同樣的，將前衣身與後衣
身側邊的裏布也正面相對重疊後，用待針固
定

To match the season, choose linen or cotton for a light feel.
The corsage adds a touch of style to the outfit.

{ materials: corduroy, cotton, 2.5mm buttons, hooks }
1. Match the front and back by the shoulders and sew.   *2.* Unfold the seam and iron.
3. Match the front and back of the lining by the shoulders and sew.   *4.* Unfold the seam and iron.
5. Match the outside and the lining and sew as shown.   *6.* Cut along the seam.   *7.* Turn right side out.   *8.* Try to make the edges look neat.
9. Match the sides of the outer side and pin together up to armhole. Fold the lining up so that back and front meet above the armhole and pin.

10

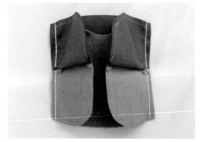

將兩塊表布,以及兩邊裏布的側邊,分別縫合起來。

11

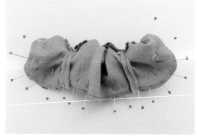

將表布、裏布側邊的縫份以熨斗左右燙開。再將表布及裏布正面相對重疊,以待針將前開口到下擺固定起來。

12

保留下擺的返口,由左右的前開口朝向下擺進行縫合。

13

將縫份的邊角修掉後,在彎弧處剪出一些牙口。

14

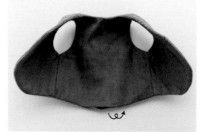

使用鉗子等工具,由返口一點一點的翻回正面。再以錐子將邊角撐出整平後,以熨斗燙整。

15

以對針縫將返口縫合。

16

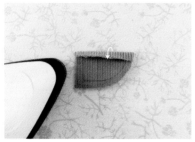

將口袋口的縫份向內摺,以熨斗燙平。

17

將口袋口縫起來。

18

在口袋彎弧的縫份,加上約 3 mm寬的平針縫。配合紙型抽線,做出彎弧,再以熨斗將縫份熨平。

10. Repeat on other side and sew both sides.　*11.* Match the lining and front side by the edges and pin.　*12.* Sew as shown.
13. Cut along the seam.　*14.* Turn right side out and iron.　*15.* Sew with blind stitch.
16-17. Fold the top of the pockets, iron and sew.　*18.* Use running stitch to sew the bottom of the pocket and fold.

19

將另一側的縫份也向內摺，以熨斗燙平。

20

在口袋的縫份塗上布用接著劑，暫時固定在衣身上，然後縫合。

21

在前開口裝上鉤扣，並在另一側縫上一個線圈（參考 93 頁）。

22

縫上裝飾用鈕釦，這樣就完成了。

23
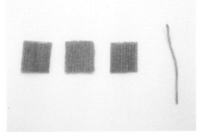
接著使用表布多餘的布料製作胸花。裁剪 3 塊 1 cm四方的正方形。並準備一條 3 cm人造花用的紙包鐵絲。

24

將正方形布料的邊角修圓，並在邊緣塗上防綻液處理。

25

將 3 塊布料重疊後，正中央穿線固定。

26

將紙包鐵絲對摺後，縫在布料背面。

27

將布料揉皺後，並在背面縫上標本針或是別針，這樣就完成了。

19. Fold the side seam.   20. Attach the pockets on the bodice with glue and sew.   21. Attach the hooks and make thread loops. [refer to P.93]
22. Attach the front buttons.   23. Cut three 1cm squares.   24. Cut the corners and put fray-stopped glue on the edges.
25. Sew the three pieces together in the center.   26. Attach the wire.   27. Crumple the pieces. Attach the pin.

Trousers
褲子

這是一條和背心搭配成套的褲子款式。
建議也可以使用棉布、麻布材質製作，洗過後風乾不熨燙的感覺會更加自然。

細燈芯絨	S 20cm×18cm	口袋布用的平紋棉織布	S 6cm×3cm
	M 30cm×25cm		M 8cm×5cm
	L 40cm×35cm		L 10cm×7cm
暗鈕	S、M 1組		
	L 2組		

1

依照紙型將各部位的布片裁下，邊緣塗上防綻液預先處理。將口袋布放在前褲片的口袋口上，正面相對將口袋口縫合。

2

在縫份上加上牙口。

3

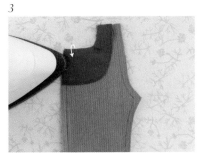

將口袋布翻到裏側，以熨斗燙整。

4

在口袋口縫上補強縫線。

5

將口袋的側邊布放在口袋布上，正面相對重疊後縫合起來。

6

此時要小心，不要連底下的褲子也一起縫起來了。

7

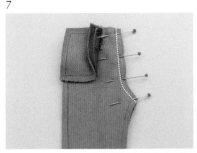

將左右的前褲片以正面相對的方式重疊，縫合股上。

8

在縫份的彎弧加上牙口。

9

用熨斗將縫份左右熨開。

Match these trousers to the vest for a full look.
Wash them in water for a more realistic look for cotton or linen.

[materials: corduroy, cotton, snaps]

1. Cut out all parts. Put fray-stopper glue on the edges. Match the pocket and lining the outside of the front pieces and sew.
2. Cut along the seam. 3-4. Turn the pocket inside, iron and sew. 5. Match the back of the pocket and lining and sew.
6. Sew together the pocket back and lining. Make sure not to sew it to the front of the pants.
7. Sew together the front pieces in the center. 8. Cut along the seam. 9. Unfold the seam and iron.

10

在股上的左右縫上補強縫線,然後在左側的褲前也加上補強縫線。

11

將前褲片與後褲片正面相對重疊後,縫合側邊。

12

用熨斗將縫份左右熨開。

13

在側邊的左右加上補強縫線。

14

用熨斗將褲腳的縫份摺向內側。

15

將褲腳縫合。

16

將褲片與腰帶布正面相對重疊後,再縫合腰部。完成後將縫份摺向上方。

17

以熨斗將腰帶布摺成三摺,將縫份包住。如布料較厚的話,也可以摺成二摺就好。

18

在腰帶布上縫上補強縫線。

10. Stitch the front center as shown. *11.* Match the front and back of the pants and sew. *12.* Unfold the seam and iron.
13. Sew the sides on the outside. *14-15.* Fold the hem , iron and sew.
16. Match the pants and belt and sew. Iron the seam up. *17-18.* Fold the belt and sew.

19

將由裏側看來在右邊的後股上縫份的「開叉止點」記號位置，剪一道牙口。

20

將牙口上側的後開口縫份摺向內側，並以熨斗燙平。

21

將後開口縫邊。

22

將後口袋的口袋口縫份摺起後縫邊。

23

在口袋彎弧的縫份，加上約 3 mm 寬的平針縫。配合紙型抽線，做出彎弧，再以熨斗將縫份熨平。

24

將布用接著劑塗在口袋的縫份上，暫時固定於褲子後方，再將其縫上。

25

將後褲片正面相對重疊，縫合後股上至「開叉止點」為止。再用熨斗將縫份燙開。

26

將股下縫合。

27

在股下的縫份剪出牙口，然後翻回正面。在後開口裝上暗釦，這樣就完成了。

19. Cut the side of the back opening as shown.　*20-21.* Fold the seam and sew.　*22.* Fold the top of the pocket.
23. Sew the bottom of the pocket with running stitch and iron the seam.　*24.* Attach the pocket and sew.
25. Sew the back opening and unfold the seam, iron.　*26.* Sew the inseam.　*27.* Cut the seam and turn the pants right side out. Fasten a snap.

Coat
外套

輕飄飄的外套款式給人甜美裝扮的感覺。
配合季節感使用棉布、麻布等不同材質布料製作也很有趣。

天鵝絨	S 30cm×20cm	裏布用平紋棉	S 18cm×4cm
	M 45cm×25cm	織布	M 25cm×5cm
	L 75cm×50cm		L 35cm×7cm
鉤扣（公）	S、M 3個	4mm鈕釦	S,M 1個
	L 5個		L 3個
暗釦	L 2個		

1

將各部位的布片邊緣塗上防綻液處理。在後衣身的領肩那側的縫份記號之間,加上 2 道縫目寬約 3 mm 的抽褶用縫線。

2

配合後裙腰的寬度,抽出皺褶,然後再以熨斗燙整(參考 92 頁)。

3

將後衣身與領肩,以正面相對的方式縫合起來。

4

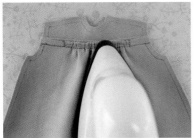

將縫份摺向領肩那側,再以熨斗燙平。

5

在領肩那側加上補強縫線。

6

在前衣身的領肩那側的縫份記號之間,加上 2 道縫目寬約 3 mm 的抽褶用縫線。配合前領肩完成後的寬度,抽出皺褶。

7

將前衣身與前領肩,以正面相對的方式縫合起來。

8

將縫份摺向領肩那側,再以熨斗燙平。

9

在領肩那側加上補強縫線。

This coat is a bit oversized for a more feminine look.
Use linen for a feel of spring or summer.

{ materials: velvet, cotton, hooks, 4mm buttons, for <L> snaps }

1-2. Cut out all the parts. Put fray-stopper glue on the edges. Gather the back until the width fits the back yoke. [refer to P.92]
3. Match the back yoke to the back and sew. 4-5. Iron the seam up and sew.
6. Gather the front until the width fits the front yoke.[refer to P.92] 7. Match the front yoke and front and sew. 8-9. Iron seam up and sew.

10

將前衣身與後衣身以正面相對的方式重疊，
縫合肩部。

11

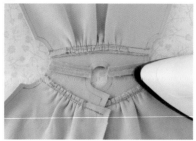

用熨斗將縫份左右熨開。

12

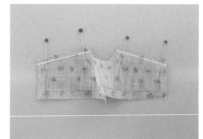

將裏布的前衣身與後衣身以正面相對的方式
重疊，縫合肩部。

13

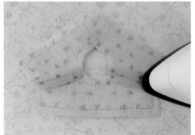

用熨斗將縫份左右熨開。

14

將衣領的紙型描繪到布料上，然後將布料裁
得稍大一些，再準備一塊相同大小的布料。

15

將兩塊布料正面相對重疊，沿著成品尺寸邊
緣縫線。

16

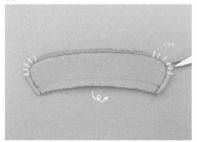

保留縫份後將衣領剪下，修圓轉角，然後在
彎弧上剪出細小的牙口。

17

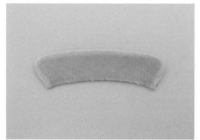

翻回正面，使用錐子將邊角撐出，再用熨斗
燙平。

18

在領肩的頸部周圍縫份剪出細小的牙口。

10. Match the front and back of the yoke by the shoulders and sew.
11. Unfold the seam and iron. *12.* Match the front and back of the yoke by the shoulders and sew.
13. Unfold the seam and iron. *14.* For the collar take two pieces of the same size, and draw the collar on one piece.
15. Take the collar pieces and match the edges, sew. *16.* Cut the shapes of the collar and cut small cuts in the seam on the round.
17. Turn the collar piece right side out and iron. *18.* Make small cuts along the seam.

19

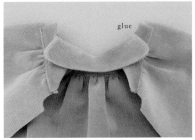

以正面相對的方式

20

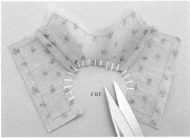

在裏布的頸部周圍縫份剪出細小的牙口。

21

將領肩與裏布以正面相對的方式重疊,以布用接著劑塗在縫份暫時固定,然後再由前開口朝向頸部周圍以縫紉機縫合。在衣領的縫份剪出幾道細小牙口,再翻回正面。

22

用熨斗摺燙前衣身的貼邊。將裏布的袖籠縫份摺向內側,用熨斗燙平。

23

將裏布的袖籠縫合(請注意不要將底下的領肩也一起縫住了)。

24

<L>要另外剪出牙口,步驟同罩衫的34~38。並在袖口抽出皺褶。

25

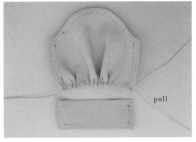

在袖口加上 1 道縫目約 3 mm寬的抽褶用縫線,配合袖口布的寬度抽出皺褶。

26

將袖口與袖口布以正面相對的方式重疊,縫份裁剪成 3 mm寬。

27

將縫份摺向袖口布端,再將袖口布摺邊。

19. Match the collar to the neck opening and attach with fabric glue.   20. Make small cuts along the seam of the yoke.
21. Match the yoke and the collar and sew.   22-23. Fold the armhole of back fabric iron and sew.
24. Gather the sleeve openings until the width fits the cuff. [refer to P.92] [Please jump to P62 image 34-38 in the case of <L> size]
25. Match the sleeve openings to the cuff and sew.   26. Cut the seam to 3mm.   27. Iron seam up.

28

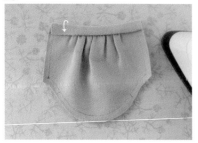

用熨斗將袖口布燙成三摺，將縫份包起來。

29

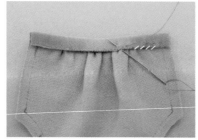

將袖口布的邊緣以平針縫的方式縫合。

30

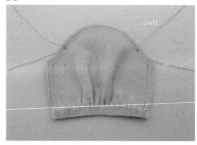

在袖山縫份的兩處標記之間，加上 1 道縫目約2.5mm寬的抽摺用縫線。

31

配合衣身的袖籠寬度抽出皺褶，再以熨斗燙平。

32

將衣身與衣袖正面相對縫合起來。袖山的縫份與袖籠的縫份要一點一點靠攏縫合，因此需要反覆將縫紉機的壓板抬高來確認縫合狀況。

33

衣袖縫合在衣身上了。接著將縫份摺向衣袖側，然後用熨斗燙平。

34

將裏布前衣身的縫份摺向內側，然後用熨斗燙平。

35

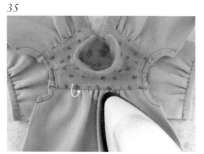

將裏布後衣身的縫份摺向內側，然後用熨斗燙平。

36

將裏布以平針縫的方式縫在後衣身。

28. Fold the cuff around the gathering.   *29.* Finish with a blind stitch.   *30-31.* Gather the shoulders until the width fits the armhole and iron.
32. Match the side edge of the sleeve to the bodice and gradually sew the shoulder of the sleeve to the armhole, matching as you go.
33. Now your sleeves are attached!   *34-35.* Fold the edge of the yoke under and iron.   *36-37.* Finish with a blind stitch.

37

同樣以平針縫將裏布縫在前衣身。

38

使前衣身與後衣身正面相對疊合後，並將袖口、側邊、下擺縫合起來。

39

在側邊的縫份加上牙口。

40

翻回正面，用熨斗將縫份左右熨開。

41

在前摺邊的縫份下緣，如照片般剪出牙口。

42

將下擺的縫份用熨斗摺向內側。

43

將衣領周圍、前開口、下擺、前開口、衣領周圍縫上一圈補強縫線。

44

縫上裝飾用鈕釦。※（＜L＞要在袖口裝上暗鈕及裝飾用鈕釦）

45

在前開口裝上鉤扣，並在另一側縫一個線圈（參考 93 頁），這樣便完成了。

38. Pin the sides of the bodice and sleeves and sew.   *39.* Make cuts in seam allowance of the pits.
40. Turn right side out. Unfold the seams and iron.   *41.* Cut the end of the hem as pictured.   *42.* Iron the hem and sew.
43. Sew around the edges as pictured.   *44.* Attach the button.   *45.* Attach the hooks and make thread loops. [refer to P.93]

Shoulder Bag
肩背包

雖然簡單，但只要揹上這個包包，就成了外出裝扮。

厚的皮革布料不好縫製，所以訣竅就是要使用較薄的軟皮革製作。

本體用皮革	S	5cm×4cm	肩帶用皮革	S	3mm×15.5cm
	M	8cm×6cm		M	3mm×19cm
	L	10cm×7cm		L	3mm×32cm

4mm金屬環　2個

1

依照紙型將各部位的皮革裁下。把背包本體正面朝內對摺，兩端縫合。使用縫紉機縫的時候，要在下方墊一張薄紙一起縫。

2

開始和結束的縫點使用回針縫，將線頭綁起來。

3

翻回正面。

4

在包包的蓋片塗上皮革用接著劑。

5

將蓋片貼在包包本體的裏側。

6

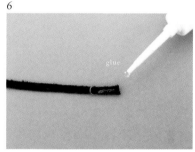

將 4 mm金屬環穿過揹帶用皮革，然後在兩端塗上 1 cm左右的接著劑。

7

將揹帶兩端反摺貼合，待其乾燥。

8

將金屬環縫在包包上。

9

肩背包完成了。

It's so easy to make, but has a lot of impact on any outfit.
A soft, thin leather is recommended for easier sewing.

{ materials: leather, 4mm round jumpring, leather glue }
1-2. Cut out all the parts. Fold the bag in two and sew the sides with paper under the leather.
3. Turn right side out.　4. Put the leather glue on the top of the flap.　5. Attach.
6-7. Thread a round jumpring on to the shoulder strap, fold the end over and attach with leather glue.　8. Sew the shoulder strap on the bag.　9. Finished!

Boots & Socks
長靴・襪子

流行時尚要從腳下開始講究。
可以用不同顏色的材料多製作幾雙。

雙色薄皮革	S 各5cm×8cm	內襯用平紋棉織布	S 3cm×2.5cm
	M 各5.5cm×9cm		M 3cm×3cm
	L 各20cm×13cm		L 7cm×7.5cm
鞋底用厚皮革	S 5cm×3cm	襪子用編織布料	S 8cm×8cm
	M 6cm×4cm		M 10cm×10cm
	L 11cm×7cm		L 20cm×20cm
絲質緞帶	S,M 60cm	厚紙板、雙面膠帶、1.5mm沖孔工具、底座、鐵槌	
	L 80cm		

1

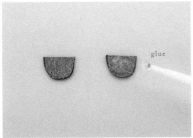

將鞋底用的皮革裁下後,重疊 2 片鞋跟用的皮革,然後以皮革用接著劑黏起來。

2

<S><M>各重疊 2 片,<L>則要各重疊 4 片。

3

將鞋底與鞋跟重疊後,以皮革用接著劑黏起來。

4

先將鞋底的紙型描繪到厚紙板上製作鞋子襯底,正面貼上雙面膠帶後剪下。

5

將雙面膠的離型紙撕掉後,貼在鞋底內襯用的布料上。

6

將鞋底內襯用布料剪下。

7

將鞋底內襯的背面也貼上雙面膠帶後剪下。

8

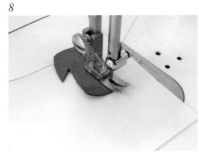

將鞋面 A 的皮片周圍縫上裝飾用縫線。使用縫紉機縫的時候,要在下方墊一張薄紙一起縫。

9

線頭打結處理好後,將薄紙撕下。

A look starts with a good pair of shoes!!
Try many different colors.

{ materials: leather, cotton, silk ribbon, cardboard, double sided tape, leather glue }
1-2. Glue the heel pieces together, 2pieces for S / M, 4 pieces for L. 3. Attach the heel to the sole with glue.
4. Trace the insoles on cardboard and cut. Put the cardboard sole on double side tape.
5-6. Attach fabric and cut along the soles. 7. Attach the other side to double side tape and cut along the soles.
8. Saw along the sides of piece A for decoration, with a piece of paper under A. 9. Detach the paper slowly so it doesn't tear.

10

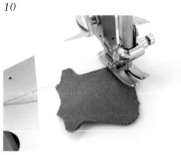

將 B 皮片的長筒部分周圍縫上裝飾用縫線。

11

線頭打結處理好後,將薄紙撕下。

12

將 B 皮片沖孔加工。準備好1.5mm的沖孔工具、底座及鐵槌(如果手邊沒有沖孔工具的話,也可以使用錐子沖孔)。

13

預先畫上記號,讓沖孔位置左右對稱,工具要與皮革保持垂直,再用鐵鎚由後方敲打沖孔。

14

在左右邊緣各沖 4 個孔。

15

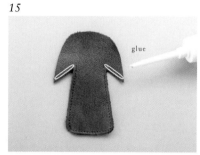

在照片上 A 皮片表面的位置,塗上皮革用接著劑。

16

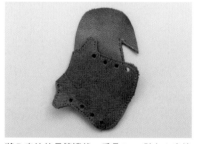

將 B 皮片的長筒邊緣,重疊 2 mm 貼在 A 皮片塗抹接著劑的位置上(<L>要重疊 3 mm)。

17

另一側也同樣重疊後貼上,等待接著劑乾燥黏合牢固。

18

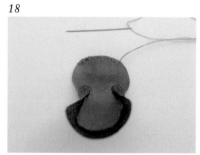

在 A 皮片的鞋尖位置,加上平針縫。

10-11. Repeat with piece B.   12-14. Use a 1.5mm hole punch and piece part B (for the ribbon).
15. Spread glue along the sides as shown.   16-17. Attach A and B as shown.   18. Use gather stitch along the toe.

19

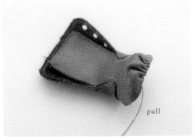

pull

抽線拉出皺褶，製作出鞋尖的彎弧。

20

將鞋底內襯底裏側的雙面膠帶離型紙撕掉，
塞進鞋內，如同包覆住內襯般貼牢。

21

glue

配合鞋底內襯將皮革摺向內側，底部塗上皮
革用接著劑。

22

將鞋底黏上。

23

等待接著劑乾燥牢固，調整外形。

24

將鞋子穿到娃娃腳上，綁上緞帶就完成了。

25

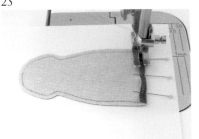

以編織布製作的襪子，縫製時同樣將一張薄
紙墊在下面會縫得比較好看。將襪子開口摺
向內側，再以編織線縫邊。

26

縫好後將薄紙撕下，取出布料。

27

正面朝內對摺，舖在紙上縫合起來。然後將
紙撕下，翻回正面就完成了。

19. Gather the toe to make it round.　20. Place the insole inside with the tape side down and stick the leather.
21. Spread leather glue all over the bottom.　22. Attach the sole.　23. Once the glue is dry, shape the toe.
24. Thread ribbon through the hole.　25. Pin and sew the sock opening as shown, keep a piece of paper under the fabric.
26. Tear away the paper.　27. Fold the sock and sew as shown. Turn right side out.

Sneaky Stuffed Fox
吐舌頭的小狐狸

陪伴我們一起出門的吐舌頭小狐狸。
調皮的眼神讓人感到有被療癒的感覺。

布偶用仿毛皮　　弟（蘇洛）　　15cm×10cm
　　　　　　　　兄（雷納爾）15cm×11cm

繡線　　　　　黑色、紅色
標本針、壓克力顏料、棉花

追求獨創性、勇於挑戰

活躍於好萊塢的造形家、角色設計師

由片桐裕司親自授課，
3天短期集訓雕塑研習課程

課程包含「創造角色造形的思維方式」「3次元的觀察法、整體造型等造形基礎課程」，
以及由講師示範雕塑的步驟，透過主題講解，學習如何雕塑角色造形。同時，短期集訓研
習會中也有「如何建立自信心」「如何克服自己」等精神層面的講座。目前在東京、大阪、
名古屋都有開課，並擴展至台灣，由北星圖書重資邀請來台授課。

【3日雕塑營內容】

課程開始	雕塑示範	製作雕像	好萊塢電影講義作品分析	作品完成！
何謂3次元的觀察法、整體造形基礎課程。	依角色造形詳解每一步驟及示範。	學員各自製作主題課程的角色造形。也依學員程度進行個別指導。	介紹曾經參與製作的好萊塢電影作品，以及分享製作過程的內幕。	3天集訓製作的作品及研習會學員合影。研習會後舉辦交流餐會。

【雕塑營學員主題課程設計及雕塑作品】

黏土、造形、工具、圖書
NORTH STAR BOOKS

雕塑營中所使用的各種工具與片桐裕司所著作的書籍皆有販售

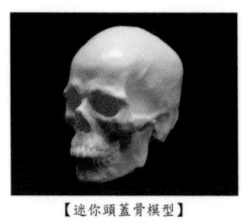 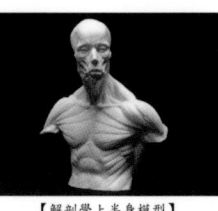 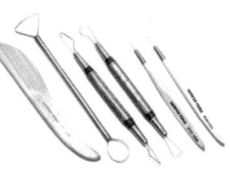 

| 【迷你頭蓋骨模型】 | 【解剖學上半身模型】 | 【造形工具基本6件組】 | 【NSP黏土 Medium】 | 【雕塑用造形底座】 |

1

先從製作眼睛開始。準備好黑色、白色壓克力顏料及畫筆。

2

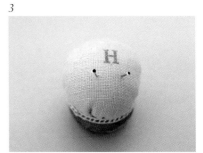

準備 2 根標本針，將針尾塗白。

3

白色顏料乾燥後，畫上黑眼珠。

4

一邊注意布紋的方向，一邊將紙型描繪到布料上，並將各布片裁下。將身體的部分正面相對重疊，由鼻子下方朝向肚子的開口以回針縫方式縫合起來。

5

配合記號的位置，將頭部的布片塞進身體，正面相對重疊，然後再將鼻尖到後腦勺縫合起來。

6

由後腦勺到返口同樣正面相對縫合起來，並在縫份上剪出牙口，再由下側的返口翻回正面。

7

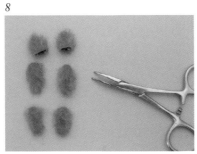

將耳朵、手部、腳部的布片都正面相對重疊後，保留返口縫合起來。

8

修剪耳朵的縫份轉角，並在手部、腳部的縫份剪上細小的牙口後，翻回正面。

9

將棉花塞入身體。

Take this sneaky little fox with you out and about.

{ materials: mohair, embroidery thread, pins, acrylic paint, leather glue }
1. For the eyes, use acrylic paint.   2. Paint the ends of the pins.   3. When the white is dry, paint black dots.
4. Match the torso pieces and hand sew starting from the nose as shown.   5. Sew the top of the head to the torso pieces.   6. Turn right side out.
7. Sew the edges of the feet, hands and ears as show.   8. Turn right side out.   9. Stuff all the parts.

10

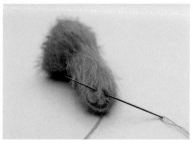

將返口用藏針縫法縫合。手部、腳部也同樣塞入棉花後，將返口縫合。

11

將手部縫在身體上。運針的時候要讓線都保持在同一個點上，來回縫數次將手部固定。

12

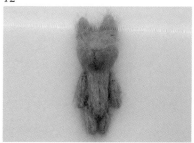

以同樣的方法，讓腳部縫上後仍可活動。

13

使用沖孔工具在想要裝上眼睛的位置沖孔，並在標本針針頭塗上接著劑後插入。

14

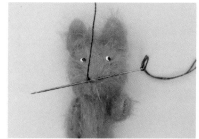

將黑色的繡線取單線，在鼻子的位置加上縫線。

15

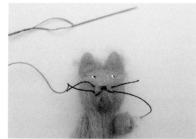

使用繡線製作鬍鬚。在距離線頭 2 cm 左右的位置打一個線結，然後入針穿進臉部。在另一側穿出後再打一個線結，保留一些繡線長度後剪斷。

16

將紅色繡線取單線，在想要吐出舌頭的位置出針。打線結時要繞針 5 次。

17

在出針位置旁邊再入針，然後將繡線拉緊，舌頭就完成了。

18

在脖子上打一個緞帶，大功告成。

10. Finish with blind stitch. 11. Attach the arms by the shoulders going through the torso 3 times. 12. Attach feet and ears.
13. Piece the face where you want the eyes, put glue in the holes an insert the pins. 14. With black embroidery thread, stitch the nose.
15. Add mouth and whiskers. 16-17. With red thread, wrap the needle 5 time and stitch to the mouth. 18. Finish with ribbon!

Gather
抽皺褶

用來收攏裙子、衣袖、袖口布以及做出皺褶的方法。

1

調整縫紉機的刻度,並將縫目寬度設定在2.5mm～3 mm。

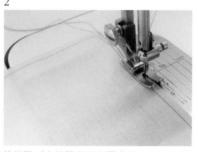

2

始縫點到止縫點不要反覆車縫,只要在縫份正中央車縫一次即可。

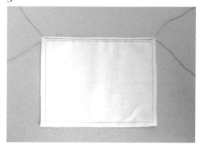

3

兩端的縫線各留下約15cm長度,方便後續抽褶作業。

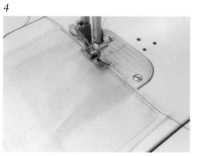

4

緊臨第一道縫線的旁邊,平行縫上第二道縫線。

5

將上線、下線各別分開。

6

只拉抽上線的 2 條線,將皺褶抽出來。如果抽褶的距離較長的話,可以由兩側同時抽褶。如果距離較短的話,則是先將單側綁好後,由另一側抽褶。

7

抽出想要的皺褶寬度後,將上線與下線各自綁起來。另一側也以相同的方法綁線,將皺褶寬度固定下來。

8

調整皺褶的間隔,以熨斗燙整。

9

抽褶作業完成了。如果會很在意縫份上用來抽褶的縫線,也可以將縫線拆下。

1. Set the machine to 2.5-3.0mm stitch.   *2.* Do not use back stitch as usual the start or end. Sew once along the edge.
3. Leave about 15cm of thread allowance on each side.   *4.* Sew a second line next to the first in the same way.
5. Separate both upper threads from the lower on each side.   *6.* Pull the upper threads while gathering the fabric.
7. When you have the desired width, knot all threads together on either side.   *8.* Iron the gathering to make it neat.   *9.* Cut away the thread allowance.

Thread Loop
打線圈

在背心、外套的前開口部分製作「線圈」的方法。

1

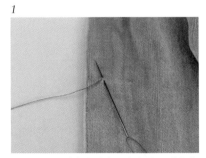

手縫線取單線穿在針上。在與鉤扣重疊的位置上出針拉線,稍微拉攏出針位置旁邊的布料。

2

拉線到一半時,如照片所示繞一個圈。由此要開始用手編。

3

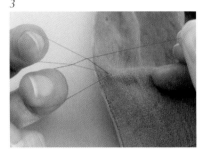

將右手的線掛在圈上,做出新的線圈。

4

拉線,縮小前面那個線圈。

5

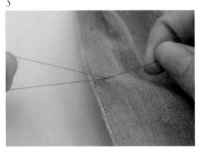

這樣就編好第一圈了。然後再將右手的線掛在新的線圈上,重覆上述的步驟增加新的線圈。

6

當編出的線圈比鉤扣的寬度稍長後,將線穿過線圈。

7

拉線,讓線圈縮小。

8

將編目收針。

9

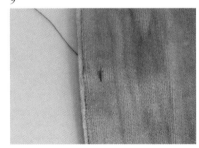

在與前開口平行的方向入針後,打線結收針,線圈的製作就完成了。

1. Pull the thread through once. Next to the opening, as if stitching, piece the fabric but don't pull the looped thread all the way.

2. Use your index and ring fingers to grab the loop, and hold the end with your other hand as shown.

3. With your middle finger, grab the end and bring it through the loop.

4-5. Release the thread from your index and ring fingers, and pull the loop on your middle finger.

6. Repeat steps 2-5 until you have the desired length (to match the hook).

7. Thread the needle through the loop and pull. *8.* Fasten the end by pulling the end through the fabric and tie.

Dolls

在此為各位介紹本書中出現的娃娃模特兒。
除了復刻版娃娃 "Betsy McCall" 之外，都有調整過膚色及髮型。
市面上有販售很多不同種類的娃娃類型與製造廠商。
本書封面的模特兒，HANON 有幫她們化上獨自的妝容。

—— S size model ——
"Middie Blythe"

這是尺寸介於 Neo BLYTHE 與 Petite BYLYTHE 中間，2010年由CWC企劃開發，TAKARA TOMY 公司發售的娃娃型號。眼睛顏色只有一種顏色，可以透過裝設在後腦勺的轉盤來控制眼睛朝向左右方。總高度約20cm、B8.5、W5.5、H8.0（cm），屬於相當小型的娃娃體型。
（洽詢）CWC http://www.blythedoll.com

—— M size model ——
"Neo Blythe"

這是頭部很大，身型約3頭身，眼睛顏色可變換4種顏色，機關很精巧的娃娃型號。1972年由美國 Kenner 公司發售以來，受到玩家的喜愛，2001年由 TAKARA TOMY 公司發售復刻版。總高度雖然有28.5cm，但身體尺寸大致與莉卡娃娃相當，B10.5、W7.5、H10.0（cm）。
（洽詢）CWC http://www.blythedoll.com

—— L size model ——
"U-noa Quluts少女"

這是由娃娃造形師，荒木元太郎參與製作的樹脂材質球體關節娃娃。基本上是以未組裝、未上色的套件形式販賣，因此可以自己為娃娃化妝，再裝上自己喜歡顏色的眼睛、髮型，完成屬於自己的娃娃。目前是由鍊金工房定期接單生產。總高度約42cm、B15.5／16.9、W12.5、H18.4（cm）。
（洽詢）鍊金術工房
http://www.alchemiclabo.com

—— Sample size model ——
"U-noa Quluts Light"

這是由 Sekiguchi 公司所發售的1/6尺寸完成品娃娃。特徵為可動範圍廣，動作自然，造形寫實。原型由荒木元太郎製作。總高度約27cm、B10.5、W6.8、H11.0（cm）。
（洽詢）SEKIGUCHI
http://www.sekiguchi.co.jp

—— Sample size model ——
"Betsy McCall"

1957年由 American Character 公司發售的復古型娃娃。2007年改由美國 Tonner Doll 公司以 Tiny Betsy McCall 為名復刻上市。總高度約20cm、B8.9、W7.2、H10.1（cm）。
※現在已經停止販售。

娃娃服飾縫紉書

HANON

Pattern

紙型基本上都以100%原尺寸刊載。

S尺寸的紙型：黑色

M尺寸的紙型：紅色

L尺寸的紙型：藍色

區分為不同的顏色。請各位將想要製作的尺寸的紙型原尺寸複印後，剪下使用。

紙型的描繪方式

將紙型放在布料的背面，以粉土筆或水溶性描圖紙

將粗線「成品完成線」及其外側的「縫份線」描繪到布料上。

裁剪的時候，沿著「縫份線」的位置剪下。

縫合的時候，沿著「成品完成線」的位置縫合。

這個箭頭指的是布紋的「垂直」方向（布料上有布邊的那側為垂直方向）。

這個三角形記號是「開叉止點」記號，請一定要描繪到布料上。

這是「蕾絲縫止點」或是抽褶的位置記號。請一定要描繪到布料上。

 表示抽皺褶的範圍。

「製圖」 標有「製圖」的紙型，請直接將定規放在布料上製作紙型的圖面。

「左右×各1」 將紙型直接放在布料上裁剪1片，然後再將紙型翻過背面，左右反轉後再裁剪1片，合計要裁剪2片。

「表裏×各1」 將紙型直接放在表布上裁剪1片，然後再將紙型直接放在裏布上裁剪1片，合計要裁剪2片。

「×2」 將紙型直接放在表布上裁剪2片，

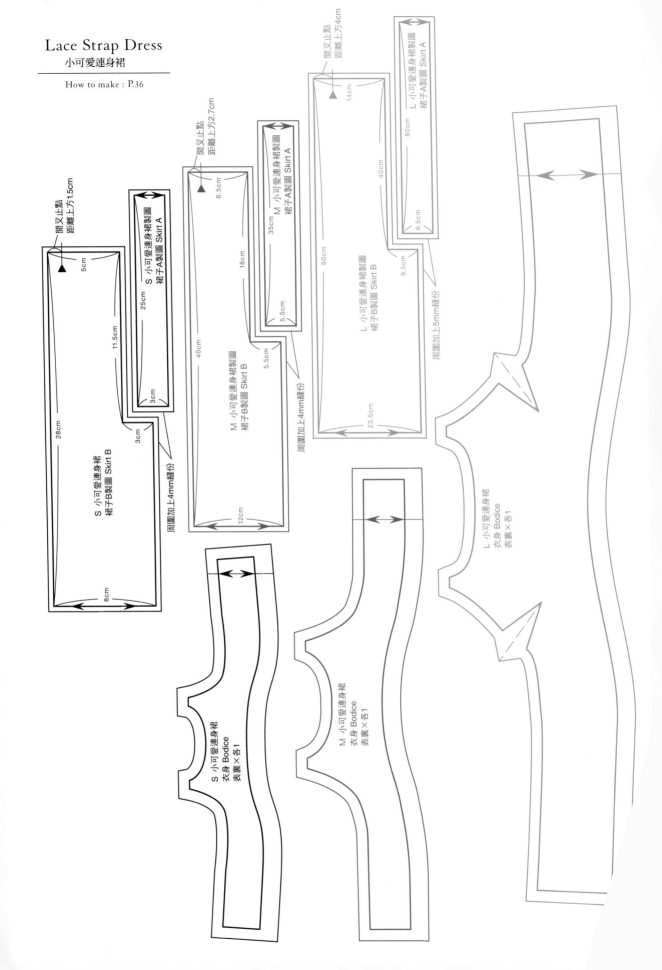

Lace Strap Dress
小可愛連身裙

How to make : P.36

開叉止點
距離上方1.5cm

5cm

11.5cm

28cm

8cm

S 小可愛連身裙
裙子B製圖 Skirt B

周圍加上4mm縫份

3cm

3cm

25cm

S 小可愛連身裙製圖
裙子A製圖 Skirt A

開叉止點
距離上方2.7cm

6.5cm

18cm

40cm

12cm

M 小可愛連身裙製圖
裙子B製圖 Skirt B

周圍加上4mm縫份

5.5cm

5.5cm

35cm

M 小可愛連身裙製圖
裙子A製圖 Skirt A

開叉止點
距離上方4cm

14cm

90cm

23.5cm

L 小可愛連身裙製圖
裙子B製圖 Skirt B

周圍加上5mm縫份

9.5cm

40cm

80cm

9.5cm

L 小可愛連身裙製圖
裙子A製圖 Skirt A

S 小可愛連身裙
衣身 Bodice
表裏×各1

M 小可愛連身裙
衣身 Bodice
表裏×各1

L 小可愛連身裙
衣身 Bodice
表裏×各1

L 圍裙
繫腰繩製圖 Waist cord
2cm×72cm 包含縫份

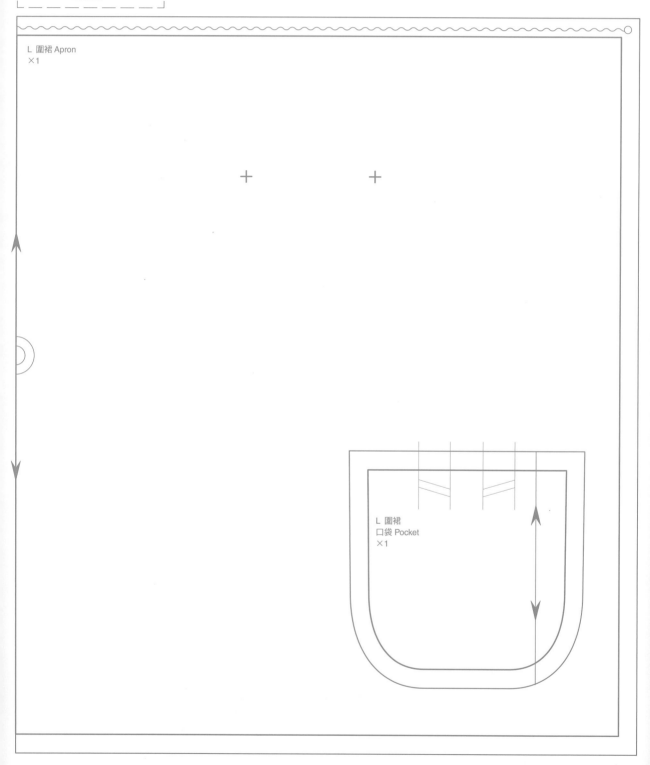

L 圍裙 Apron
×1

L 圍裙
口袋 Pocket
×1

Apron
圍裙

How to make : P.48

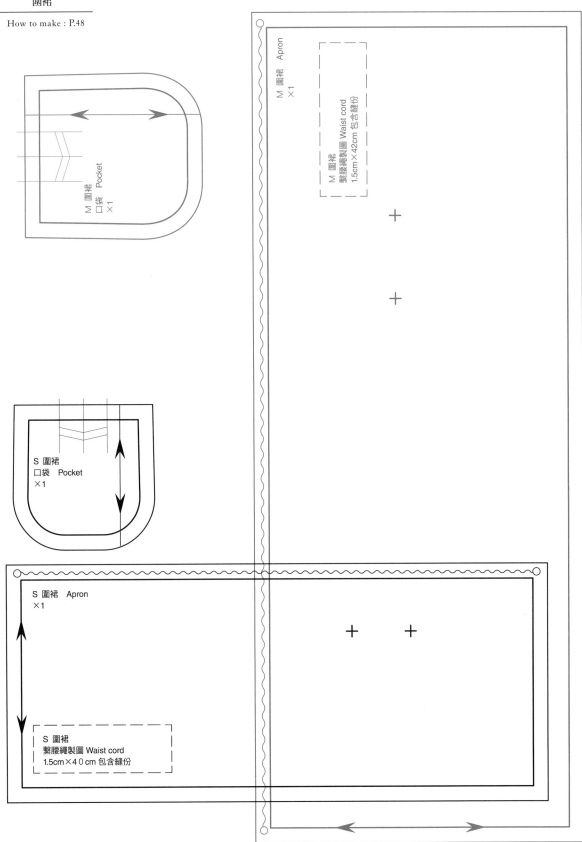

M 圍裙
口袋 Pocket
×1

S 圍裙
口袋 Pocket
×1

M 圍裙 Apron
×1

M 圍裙
繫腰繩製圖 Waist cord
1.5cm×42cm 包含縫份

S 圍裙 Apron
×1

S 圍裙
繫腰繩製圖 Waist cord
1.5cm×4 0 cm 包含縫份

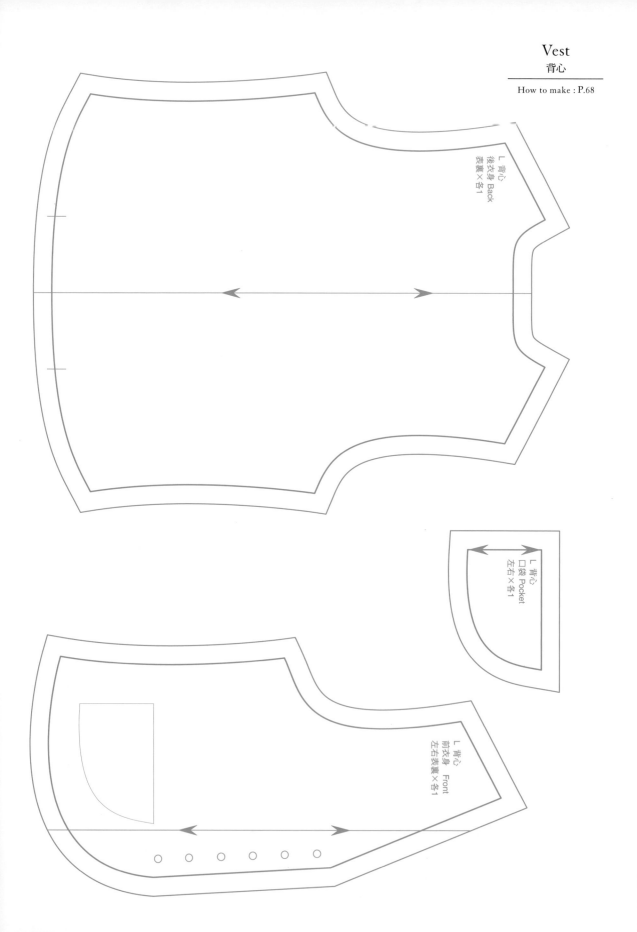

L 背心
後衣身 Back
表裏×各1

L 背心
口袋 Pocket
左右×各1

L 背心 Front
前衣身
左右表裏×各1

Vest
背心

How to make : P.68

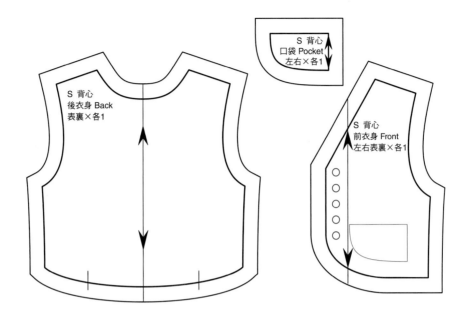

S 背心
口袋 Pocket
左右×各1

S 背心
後衣身 Back
表裏×各1

S 背心
前衣身 Front
左右表裏×各1

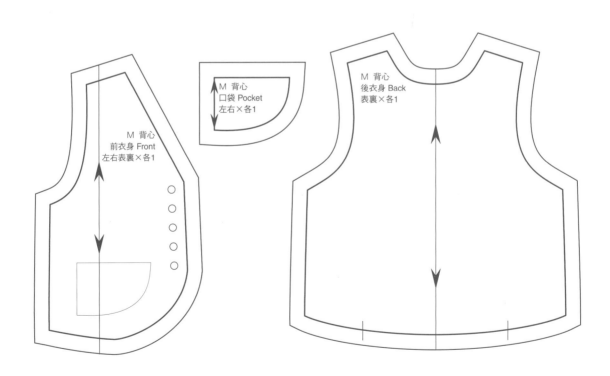

M 背心
前衣身 Front
左右表裏×各1

M 背心
口袋 Pocket
左右×各1

M 背心
後衣身 Back
表裏×各1

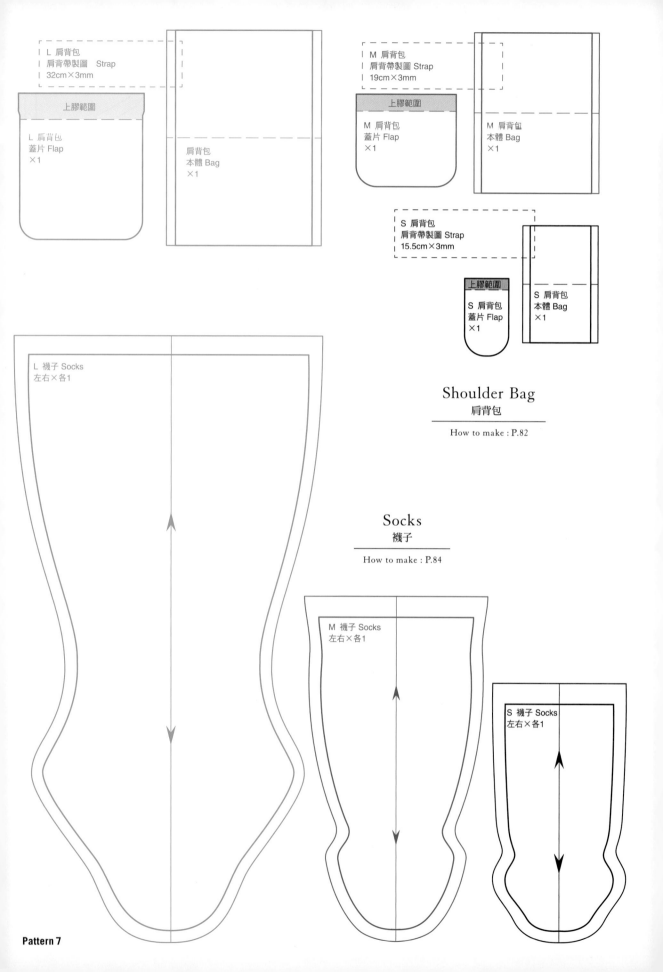

L 肩背包
肩背帶製圖 Strap
32cm×3mm

上膠範圍

L 肩背包
蓋片 Flap
×1

肩背包
本體 Bag
×1

M 肩背包
肩背帶製圖 Strap
19cm×3mm

上膠範圍

M 肩背包
蓋片 Flap
×1

M 肩背包
本體 Bag
×1

S 肩背包
肩背帶製圖 Strap
15.5cm×3mm

上膠範圍

S 肩背包
蓋片 Flap
×1

S 肩背包
本體 Bag
×1

Shoulder Bag
肩背包

How to make : P.82

L 襪子 Socks
左右×各1

Socks
襪子

How to make : P.84

M 襪子 Socks
左右×各1

S 襪子 Socks
左右×各1

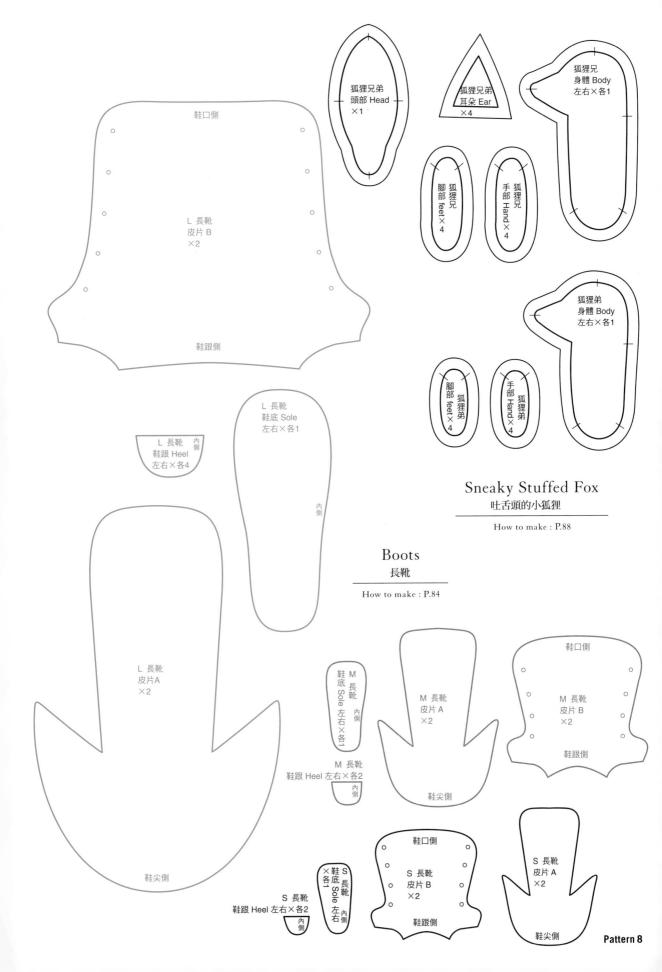

鞋口側

L 長靴
皮片 B
×2

鞋跟側

狐狸兄弟
頭部 Head
×1

狐狸兄弟
耳朵 Ear
×4

狐狸兄
身體 Body
左右×各1

腳部
狐狸兄
feet×4

手部
狐狸兄
Hand×4

狐狸弟
身體 Body
左右×各1

腳部
狐狸弟
feet×4

手部
狐狸弟
Hand×4

L 長靴
鞋底 Sole
左右×各1

內側

L 長靴
鞋跟 Heel
左右×各4

內側

Sneaky Stuffed Fox
吐舌頭的小狐狸

How to make : P.88

Boots
長靴

How to make : P.84

L 長靴
皮片A
×2

M 長靴
鞋底 Sole
左右×各1

內側

M 長靴
皮片 A
×2

鞋口側

M 長靴
皮片 B
×2

鞋跟側

M 長靴
鞋跟 Heel 左右×各2

內側

鞋尖側

鞋尖側

S 長靴
鞋底 Sole
左右×各1

內側

鞋口側

S 長靴
皮片 B
×2

鞋跟側

S 長靴
皮片A
×2

S 長靴
鞋跟 Heel 左右×各2

內側

鞋尖側

Peter Pan Collar Dress
圓領連身裙

How to make : P.52

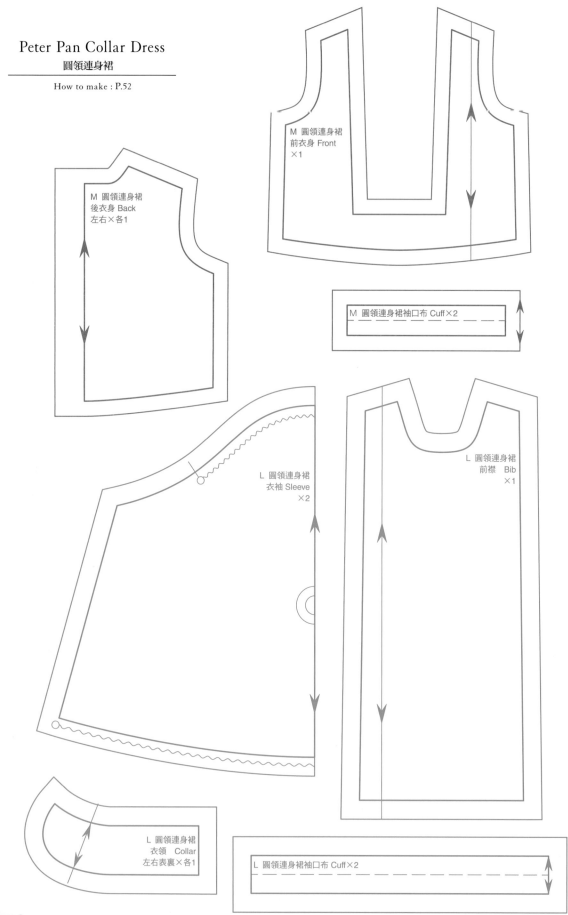

M 圓領連身裙
前衣身 Front
×1

M 圓領連身裙
後衣身 Back
左右×各1

M 圓領連身裙袖口布 Cuff×2

L 圓領連身裙
衣袖 Sleeve
×2

L 圓領連身裙
前襟　Bib
×1

L 圓領連身裙
衣領　Collar
左右表裏×各1

L 圓領連身裙袖口布 Cuff×2

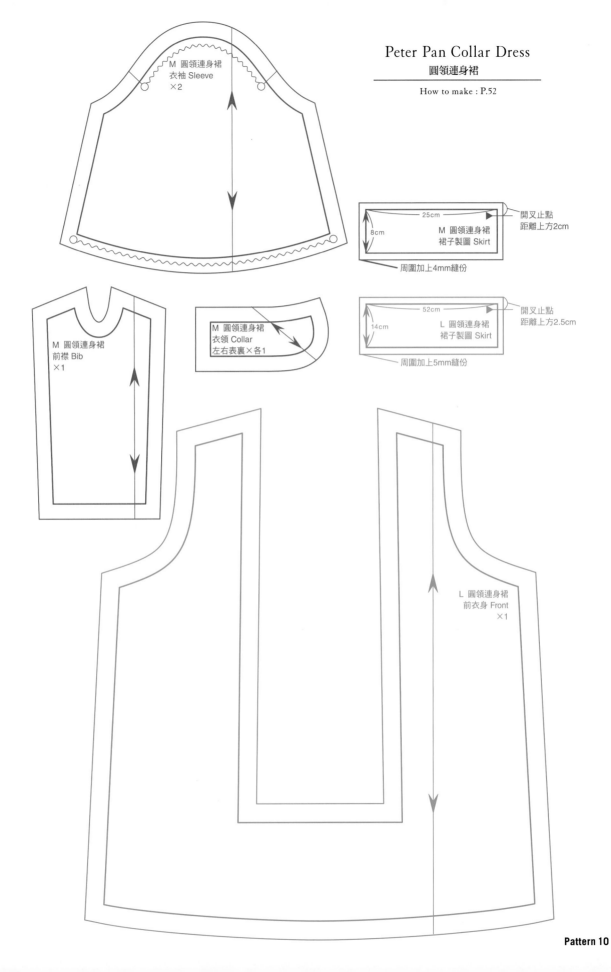

Peter Pan Collar Dress
圓領連身裙

How to make : P.52

M 圓領連身裙
衣袖 Sleeve
×2

M 圓領連身裙
裙子製圖 Skirt

25cm

8cm

開叉止點
距離上方2cm

周圍加上4mm縫份

L 圓領連身裙
裙子製圖 Skirt

52cm

14cm

開叉止點
距離上方2.5cm

周圍加上5mm縫份

M 圓領連身裙
前襟 Bib
×1

M 圓領連身裙
衣領 Collar
左右表裏×各1

L 圓領連身裙
前衣身 Front
×1

Peter Pan Collar Dress
圓領連身裙
How to make · P.52

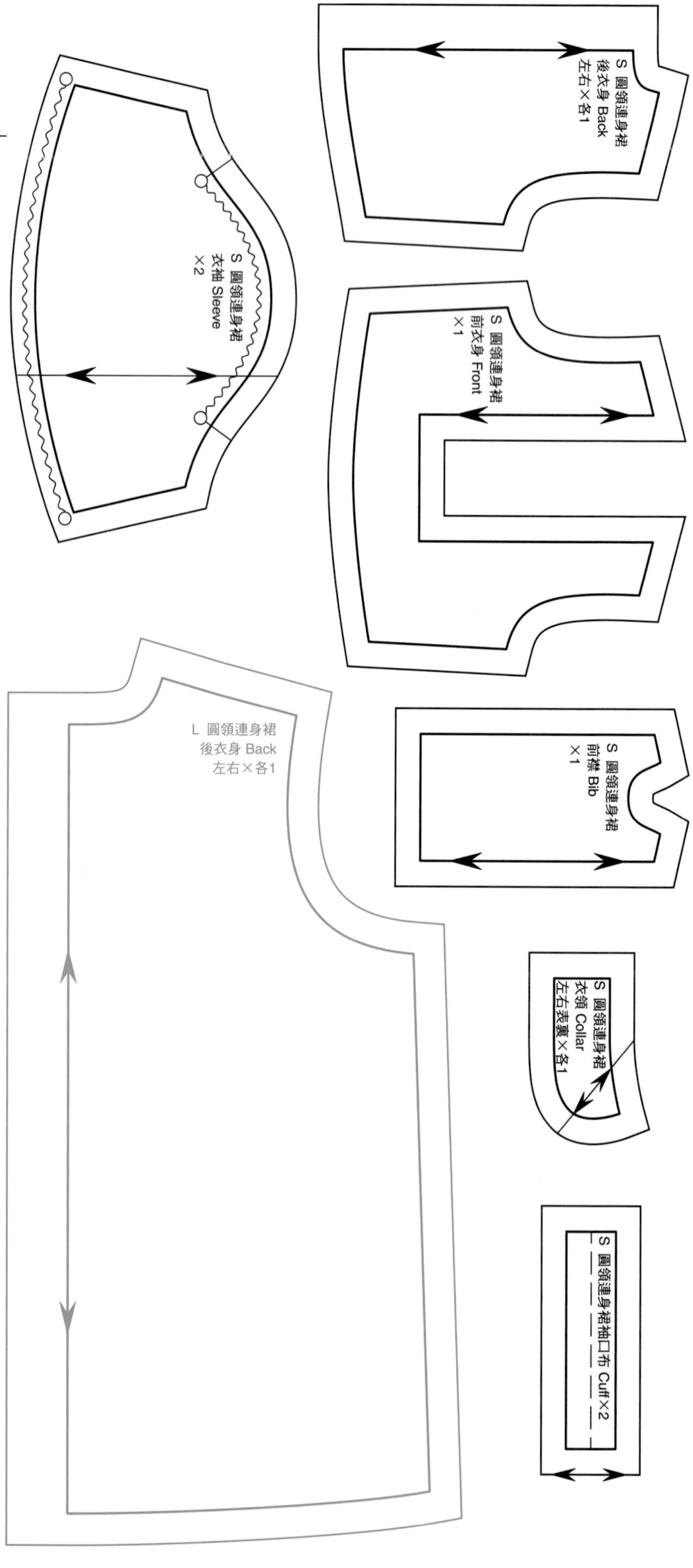

S 圓領連身裙 後衣身 Back 左右×各1

S 圓領連身裙 前衣身 Front ×1

S 圓領連身裙 衣袖 Sleeve ×2

S 圓領連身裙 前襟 Bib ×1

L 圓領連身裙 後衣身 Back 左右×各1

S 圓領連身裙 衣領 Collar 左右表裏×各1

S 圓領連身裙袖口布 Cuff ×2

Peter Pan Collar Dress
圓領連身裙

How to make : P.52

S 圓領連身裙
裙子 Skirt
×1

Blouse
罩衫
How to make : P.58

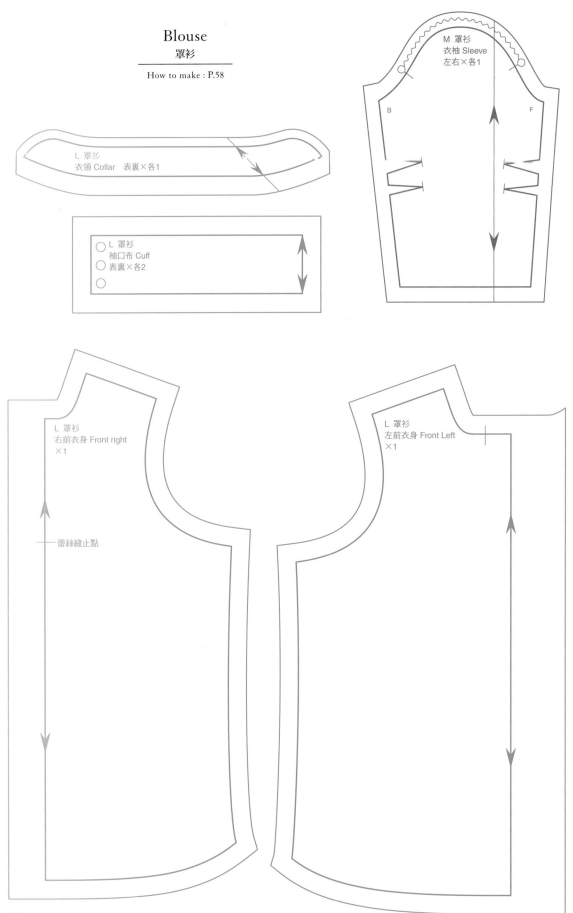

M 罩衫
衣袖 Sleeve
左右×各1

B

F

L 罩衫
衣領 Collar 表裏×各1

○ L 罩衫
○ 袖口布 Cuff
○ 表裏×各2
○

L 罩衫
右前衣身 Front right
×1

―蕾絲縫止點

L 罩衫
左前衣身 Front Left
×1

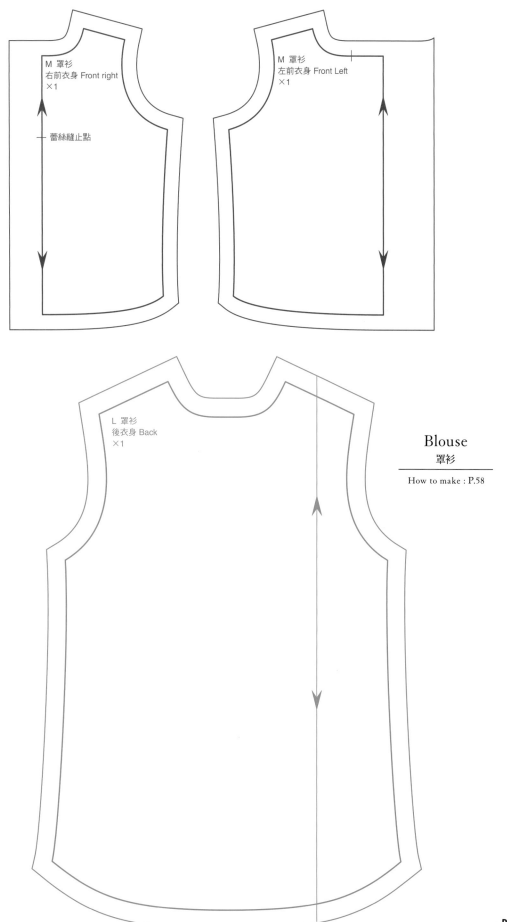

M 罩衫
右前衣身 Front right
×1

— 蕾絲縫止點

M 罩衫
左前衣身 Front Left
×1

L 罩衫
後衣身 Back
×1

Blouse
罩衫

How to make : P.58

攝影：葛貴紀、田中麻子(uNdercurrent)

造型師：大橋利枝子

數位修圖：久助ユカリ

英文翻譯：Maria Itosu

攝影協力：kinoe-en（迷你衣架模型）、coeul lapin（玻璃眼睛）

編輯：鈴木洋子

設計：田中麻子(uNdercurrent)

協力：株式會社CWC、株式會社鍊金術工房、株式會社Sekiguchi

國家圖書館出版品預行編目資料

HANON：娃娃服飾縫紉書 / 藤井里美作. -- 新北
  市：北星圖書, 2017.06
  面；　公分
  ISBN 978-986-6399-60-2(平裝)

  1.玩具 2.手工藝

426.78   106003555

HANON：娃娃服飾縫紉書
————————————————————————
作　　者／藤井里美
譯　　者／楊哲群
發 行 人／陳偉祥
發　　行／北星圖書事業股份有限公司
地　　址／新北市永和區中正路458號B1
電　　話／886-2-29229000
傳　　真／886-2-29229041
網　　址／www.nsbooks.com.tw
E–MAIL／nsbook@nsbooks.com.tw
劃撥帳戶／北星文化事業有限公司
劃撥帳號／50042987
製版印刷／皇甫彩藝印刷股份有限公司
初版首刷／2017 年 6 月
初版二刷／2018 年 6 月
初版三刷／2019 年 3 月
I　S　B　N／978-986-6399-60-2(平裝)
定　　價／350 元